U0216271

狗狗的第一年

[英] 莎拉·怀特海 ◎ 著
杨建 ◎ 译

漓江出版社

狗狗的第一年

从出生到1岁的教养指南

目录

引言

在全世界，每一分钟都会有可爱的狗宝宝出生。无论如何，当你拥有一只狗宝宝的那一刻，应该是你此生中最激动人心的时刻之一。相信在与它相伴的日子里，你一定会收获无穷。狗宝宝们可爱、有趣、忠诚又聪明——不过它们也有非常顽皮并具破坏性的一面，甚至可以说它们是地球上最让你费时费神的生物了。狗宝宝们会随时大小便，不知疲倦地吠叫、刨地、疯跑、追逐和啃咬物品。它们的行为让绝大多数的主人颇感费解甚至困扰。

《狗狗的第一年》以丰富实用的内容帮助我们洞察狗宝宝在最初的几周和数月是如何生活的，了解在生命最初的这些阶段，狗宝宝们是如何从眼盲、耳聋、无牙，完全依赖狗妈妈和小伙伴们取暖的幼犬，转变成为极具个性魅力的自信成年犬。通过理解它们为什么会有这些行为，以及它们是如何试图与我们沟通交流的，我们就能够与我们的好朋友——狗狗——建立起亲密无间的关系。

你还能在本书中找到针对狗宝宝的训练、健康检查，以及当你面对困难时，解决问题的技巧等专题。此外，你还可以通过认识本书中精选的几只可爱的狗狗，借此增进对这些品种的了解。

一只狗宝宝最初的几周和数月，是培养和塑造它的行为和品性的关键时期，也决定着在未来的日子里你能否与它快乐融洽地相处。这段最初的时光既充满无限的乐趣又令人兴奋——但也转瞬即逝！无论你的狗狗是什么品种，请珍惜享受这段难能可贵的最初时光，并善加利用吧！欢迎来你到狗宝宝的世界！

序

选择适合你的狗狗

养一只什么样的狗，首先很多人都会根据狗狗的长相进行选择，这本无可厚非。但你更应该重点考虑的是，你选择的狗狗是否适合你的家庭环境以及你的生活方式。这里有一份问题清单供你选择时参考：

- 你想要一只体形多大的狗——一只诸如比熊犬这样的可以轻快地坐在你腿上的小型犬，还是像圣伯纳德犬那样威风十足的大型犬？
- 你有多大的室内与室外空间？如果你住的是一套小公寓，那像纽芬兰犬这种大型犬很显然不是你的最佳选择！
- 你跟谁一起住？有些大型犬，很容易撞倒家里的小孩或者年老体弱的人。
- 你有多少时间能够用来遛狗？比如一只边境牧羊犬，一般一天需要遛两至三次，你的工作和生活方式允许这样的安排吗？
- 你能够付出多少时间和金钱在狗狗美容上？短毛的灵缇犬不太需要被关注，但一只毛发浓密的阿富汗猎犬则需要相当费钱费时的修饰。
- 你想养的狗狗有多强壮？你的体格能够对付它吗？

- 你想养的狗狗食量有多大？喂养一只大型犬可是花销不菲的。
- 你考虑过将来接种疫苗、宠物保险以及兽医诊治的费用吗？
- 你了解你感兴趣的狗狗的品种容易患哪些特定的疾病吗？一些品种的狗狗容易遭受一些特殊疾病的折磨，从而会影响它们的生活质量。[①]

你现在应该已经有了一个精简的选择范围了。在你进一步行动之前，找一位已经将你想养的品种养至成犬的人聊一聊。条件允许的话，获得一些亲自实践的体验，比如牵着狗狗出去走走（记着带上拾便铲，尽管不会太便利，但这是一位负责任的狗主人必须做的），喂食的时候到现场看看，旁观它们的训练等等。

① 有些繁育场为了追求纯种狗血统的纯粹，往往采取近亲繁殖的培育模式，这样就容易导致纯种狗患某些特殊的遗传病。——译者注

纯种狗还是杂交狗？

近年来，有选择地在纯种狗之间进行第一代杂交的狗狗数量与日俱增。杂交狗如可卡贵宾犬（可卡犬与迷你贵宾犬的杂交）和巴格犬（巴哥犬与比格猎犬的杂交），如今在很多地方的受欢迎程度可是远超其他纯种狗的。其实，杂交可以培育出很优秀的狗狗，因为它往往是将两只纯种狗的优点汇聚于一只。当然这也并非绝对如此，就算是同一胎也不例外。比如说，贵宾犬杂交可以培育出不掉毛的狗狗，但也并非总能如此幸运。所以，如果你倾向于拥有一只第一代杂交犬，那你要做好它的长相和品性与它的父母或相同或不同的心理准备。

由于纯种狗是根据其品种的标准进行繁殖的，这就意味着你能够八九不离十地预测你的狗狗成年之后的体形大小。

参观狗宝宝

当你决定要养哪种狗狗之后，就可以去寻找一窝小奶狗啦。现在你应该很兴奋——终于要亲眼见到一群可爱又活泼的狗宝宝了。亲自参观的用意就在于，让你理性选择而非感情用事。当你去参观狗宝宝时，你需要留心以下的事：

- 大多数负责任的繁育员只可能对一到两种的狗狗比较在行，所以当有许多不同品种的狗宝宝供你挑选时，你就要留意了。遗憾的是，市场上的幼犬繁育场良莠不齐，想要迅速找到可靠的繁育场确实是比较困难的。

- 查看繁育员是否提供了详尽正规的幼犬出售协议。
- 繁育员一般会问一些有关你的家庭成员和家庭饲养环境等的问题。称职的繁育员会在意他负责的狗宝宝以后生活的地方，并且期望它们可以跟同一家人长久幸福地生活在一起；而不负责任的繁育员更关心你将支付多少费用，而不是你将如何照顾他的狗宝宝。

- 如果繁育场环境比较脏乱差或者繁育员千方百计劝导你当场购买，就果断离开那里。

- 永远不要在宠物店或者宠物贩子那里购买狗狗。不幸的是，这些地方的狗狗要么是过早地就被带离其母亲身边，要么是以不利于其身心健康的方式饲养的。

- 应将一窝狗宝宝看作一个整体。它们均应该耳聪目明、活泼好动、没有肉眼可见的健康问题。

- 毫无疑问，所有的狗宝宝都非常地能睡。如果你到的时候它们正在午休，那你大概需要等一个多小时之后才能看到它们醒着的样子。

- 狗妈妈的身体状况与行为举止将是这些狗宝宝成年以后的最好写照。因此待参观的狗宝宝们最好能跟它们的妈妈在一起。

- 狗宝宝都应该积极又充满活力。8周大的狗宝宝确实需要很多的睡眠，但醒了之后它们会大小便，然后便全身心投入到玩耍与探索的快乐之中。

- 总的说来，对大多数家庭而言，最好选择一只处在中间状态的狗宝宝——或许有些害羞，但有足够的自信应对忙碌的日常生活；可能不是第一个爬上你膝盖的，但它渴望了解和见到你；你拍手时，也许一开始它会因为惊吓而走开，但很快又会折返回来看看究竟是什么声音；如果你抱的方式得当，它不会过于挣扎，在回到狗窝跟小伙伴们玩耍前也会很乐意得到你的宠溺与爱抚。

- 任何闷闷不乐地躲在后面、不愿上前、害怕被抱或抚摸、躲开声响或者对其他同伴比较防备的狗宝宝就不建议考虑了。

- 繁育员一般会自留一只狗宝宝，或者他们已经将其中的几只预定给了其他顾客。因此如果你不能在一胎狗宝宝中自由地进行选择，你也不用垂头丧气。

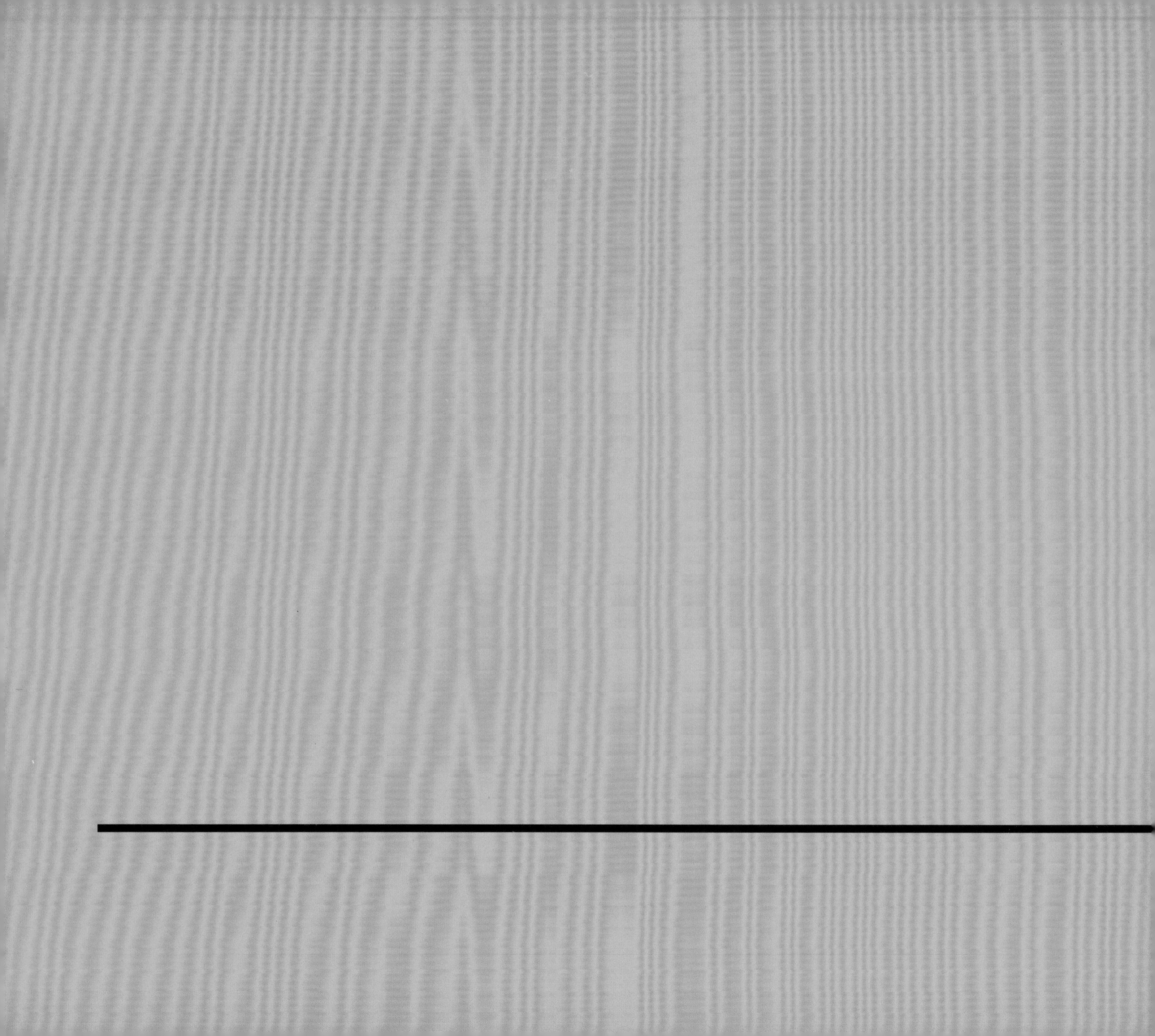

第一章 新生幼仔

从出生到 4 周

0–13 天

新生幼仔期

还有什么能够比一只刚出生的狗宝宝更可爱——也更脆弱的呢？刚出生的狗宝宝既听不见，也看不到（它们的耳朵和眼睛直到 2–3 周才会打开），这些毛茸茸、不停蠕动的小生物在妈妈舔干净胎膜之前甚至无法自由地呼吸。它们也无法自主地大小便，需要狗妈妈舔舐刺激它们的排泄器官才能排泄，通常狗妈妈会吃下这些排泄物以保持狗窝的洁净。

尽管不用多久狗宝宝们就能磕磕绊绊地到处走，但此时的它们还无法用四肢支撑它们的体重，所以它们主要是用前腿划桨的方式匍匐前行。这样有助于伸展它们的肌肉，增强它们的协调能力。出生后的 10 天之内，狗宝宝们都无法自主地调节体温，所以它们大都挤作一团、紧贴着妈妈取暖。

因为看不见也听不到，新生的狗宝宝是通过分布在它们鼻腔中的热觉和嗅觉感受器来探测妈妈的体温和奶头。正因为如此，鼻子似乎不成比例地占据了狗宝宝的大半张脸。

你知道吗？

在初生阶段，一只幼犬平均会用百分之三十的时间吃，剩下的时间则都用来睡觉了。

妈妈的乳汁

狗妈妈在分娩之后的第一个 24 小时内分泌的乳汁叫作初乳，初乳中含有可以保护小奶狗免于感染疾病的高浓度免疫抗体、水、维生素、电解质和养分。狗宝宝在出生 18 小时之后将失去吸收抗体的能力。所以，狗宝宝是否能在出生后的最初几小时得到狗妈妈的护理就变得非常关键。

狗宝宝发声

在出生的第1天，大多数狗宝宝们已经能够发出像呜呜、吱吱、咕噜乃至尖叫的声响。这些声音能够提醒狗妈妈，是否有狗宝宝偏离狗窝太远，或者哪个小家伙正处在疼痛或者沮丧之中，抑或是被挤压到了。1周左右，狗宝宝就能吠叫了。狗妈妈对这些狗宝宝们发出的声音信号很敏感。如果回放记录了狗宝宝声音信号的磁带，大多数狗妈妈都会离开窝穴去找寻声源，即使声音在很远的地方。

熟悉人类

尽管这个阶段的狗宝宝看不见也听不到，但它们已经发育出比较灵敏的嗅觉，能辨别一些气味——所以它们能慢慢熟悉人类。当狗宝宝被小心翼翼地抱起来做身体检查、称体重时，也是让狗宝宝习惯被照顾和抚摸的好时机。

第 2-4 周

过渡期

狗宝宝生命的第二个阶段叫作过渡期，身体和行为上的很多转变都将发生在这一阶段。到了第 3 周，狗宝宝的耳朵会打开，眼睛也能够锁定光源和移动的物体了，然而听力和视力要到第 5 周左右才会发育完善。

3 周大的狗宝宝既能够向后爬也能向前爬，不过这个时候它们已经开始努力学习步行而不再是匍匐爬行了。这就意味着它们可以离开狗窝去解决大小便，不再需要依赖狗妈妈清理排泄物了。

到了第 4 周，狗宝宝们开始出牙。跟人类的幼儿一样，狗宝宝也会经历两组牙齿——一组是会脱落的乳齿，一组是在第 18–22 周替换乳齿的恒齿。一旦开始出牙，狗宝宝会将很多东西放进嘴里进行体验：食物、物件、其他小伙伴、甚至妈妈的尾巴。这个阶段，玩耍将成为它们一天当中更加重要的组成部分。

一旦长出锋利的牙齿，断奶的进程就开始了（可以参见第 44 页），狗妈妈将开始逐渐限制它们吃奶的频率和时长。这个时候的狗宝宝们已经可以学习如何舔食食盆中的牛奶了。

狗狗的成长进度

以一只中型的杂交狗为例，参照人类的年龄，了解狗狗的成长进度。

狗	人类
2–4 周	1–2 岁
4–8 周	3–4 岁
8–12 周	5–7 岁
12–18 周	8–11 岁
5–9 个月	11–14 岁
9–12 个月	15–17 岁

嬉戏时光

在这个阶段，狗宝宝们才开始逐渐显露出狗狗的本性和行为特征！它们开始步行，甚至试着在彼此之间奔跑和跳跃！它们会犬吠，摇动它们的小尾巴，在玩耍中相互啃咬对方。尽管它们还是会花一天当中的大部分时间用来睡觉，但步行的时间也开始越来越多地填充在狗妈妈允许它们吃奶，学习在食盆中吃固状食物，以及嬉戏与探索期间。

如何抱起一只狗宝宝

在没有大人悉心监护的情况下，严禁小朋友抱起狗宝宝。

在抱狗宝宝时，它极有可能激烈地扭动，以下是如何安全地抱起一只狗宝宝的方法：

1

一只手放到狗宝宝的胸下，用手掌托起它，并将手指放在它的前腿之间。

2

用另一只手从狗宝宝屁股后面将它托起。这样就可以将狗宝宝从狗窝抱到台面或者腿上。如果想带狗宝宝四处走动的话，要将它稳稳地贴抱在胸前。

3

将狗宝宝放回时也一定要非常小心。抱稳它缓慢往下移，直到你感觉到它的重量完全落到地面为止。当狗宝宝看到够得着的台阶时，它偶尔会试着去跳下台阶，这个时候如果你抱不稳的话就容易发生意外。

每时每刻都在学习

狗宝宝最重要的学习方式之一是观察和模仿妈妈。这就意味着，如果狗妈妈焦躁不安或者具有攻击性，那狗宝宝也会照着学。相反，如果狗妈妈的状态是平静、友好、泰然自若的，宝宝们也会照此模仿。

狗宝宝也会从与同伴的嬉戏玩耍以及在周遭世界的探索中不断学习。这个时候，可以将狗宝宝身处的环境安排得更具挑战性：放入一些玩具，添置一些可供攀爬、翻滚的障碍物，甚至提供一些粗糙的平面，好让狗宝宝们适应在不同质地的地面上行走。当然，这个时期的狗宝宝还不太灵活，通常会在光滑的地面滑倒，从最矮的台阶上掉下来，在玩耍中相互撞倒等等。但所有的这一切都会让狗宝宝们变得更加自信，而那些拒绝以上方式嬉闹的狗宝宝长大之后也许就会变得非常拘谨或者焦躁。

另外，在这个时期经常抚摸狗宝宝也变得尤为重要。如果想让狗宝宝长大之后能快速适应环境，拥有自信开朗的性格，那这个阶段及往后它们就需要被鼓励与各种各样的人接触、玩耍。遗憾的是，有太多的狗宝宝在这个阶段过着被过度保护的生活，而没有接触足够多的人类，因此，日后它们对陌生人表现出恐惧也在所难免。

狗宝宝们还需要感知它们周围世界中的各种声响，这样它们不至于在日后对意料之外或不寻常的声音感到害怕。在居家的环境中，大多数狗宝宝一天之内都会自然而然地听到各种各样的声音。人们的说话声音、电视或广播的声音会让它们渐渐适应人类制造出的各种声响；洗衣机、真空吸尘器以及厨房炒菜的声音也能帮助它们在搬去新家时比较容易适应新环境。

狗宝宝的爱

（与人类和其他狗宝宝的关系）

科学家们相信，家养的狗狗已经在它们社会化的进程中进化出对于人类强烈的依恋关系。这种独特的、与人类建立感情的需要，让狗狗在动物世界里与众不同，这也意味着它们有着跟我们在一起、与我们交流、享受有我们陪伴的深层的心理需求。已有研究表明，狗狗能够以一种其他任何非人类动物都做不到的方式“读懂”人们的表情——特别是我们的情绪，这就使得它们能够体恤我们的心情和感受，有时候甚至我们自己都没有意识到这些情绪。

狗狗通常是从经验中学习理解人类的举动，但它们也有与生俱来理解我们、与我们交流互动的非凡潜能。举例来说，狗狗似乎天生将人类的笑容视为一件美好的事，尽管我们露出了牙齿，要知道在狗狗的世界里，露齿本来意味着威胁。

认识

艾斯，一只柯基犬

艾斯是一个非常自信、独立的小伙子，尽管它还没有遇到让它一见倾心的人、动物或者物件，但艾斯还是很享受自己独处的时光。它非常喜欢自己的抱抱猴玩具，每天晚上都会抱着睡觉。它钟爱的其他啃咬玩具包括一个塑料漏斗，一个簸箕和一把刷子（并不是我们打扫用的）。艾斯非常喜欢趴在自己家门口放松自己，前腿掖在身下，后腿像青蛙那样伸在外面。

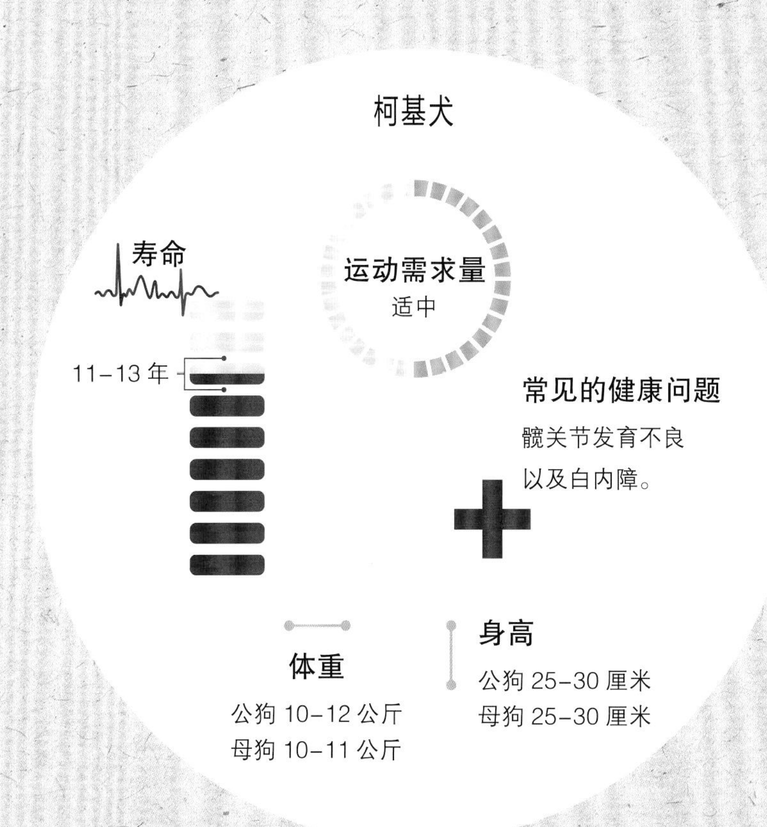

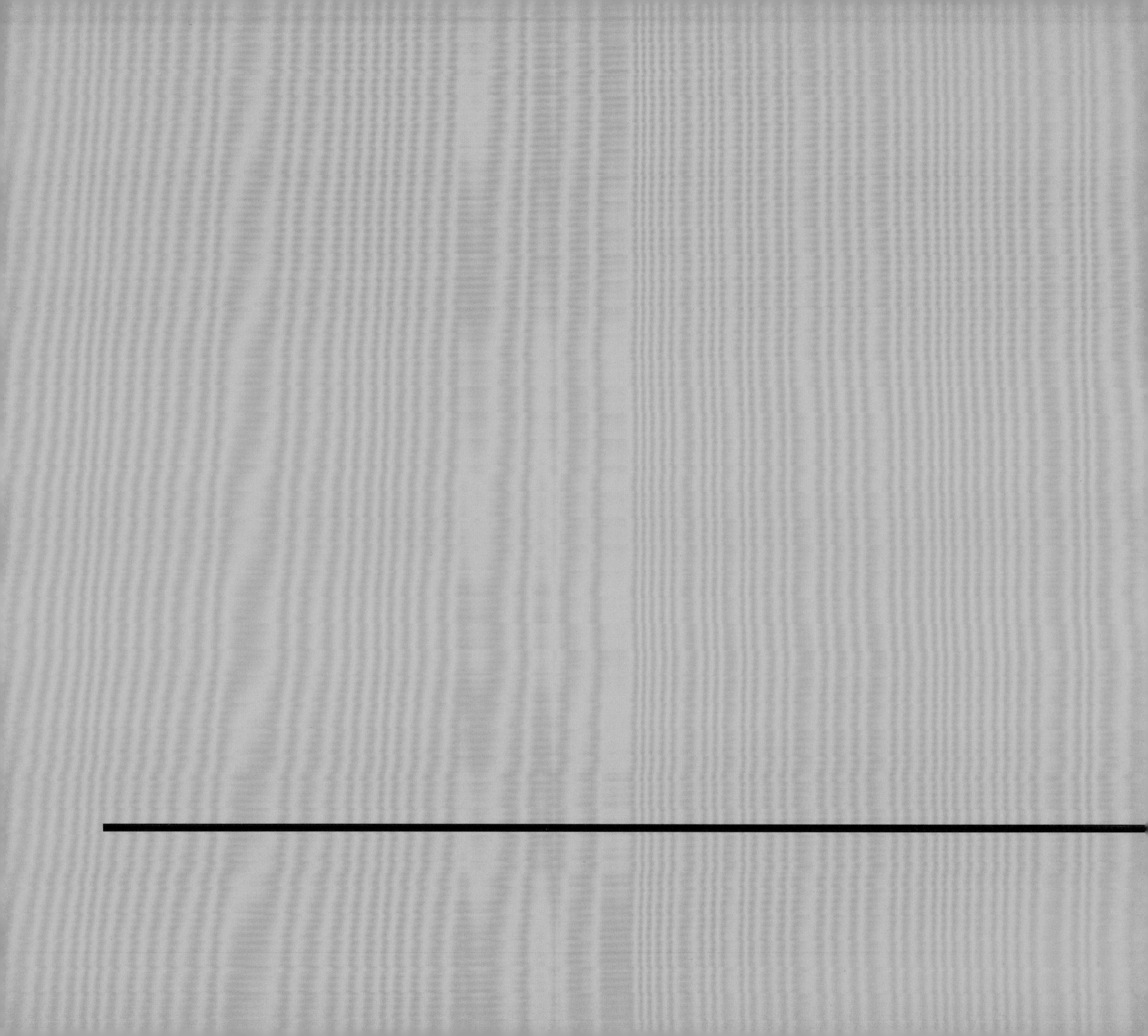

第二章 领狗宝宝回家

4-8 周

身体的变化

在这个阶段，是狗宝宝长身体最明显的时期。除了身高有了明显的变化，它们的体形也开始显得更加健壮有力，而且它们的面部特征也更加精致，口鼻与头的比例看上去更协调。随着肌肉的增加，它们能够展露更丰富的面部表情。狗狗的耳朵也更加地灵活多变，而且它们能将嘴向后咧展露笑容，或者将嘴唇前移表达好恶、快乐、屈从以及对物品的占有欲。这一阶段主要是社会性的探索，这就意味着狗宝宝将会尝试练习很多肢体动作与姿势，比如潜行追捕、突袭猛扑、撕咬物件，甚至会有交配动作。

学着成为一只狗

大约5周大小的时候，狗宝宝已发育出跟成犬一样的脑电波。这就意味着，尽管它们的精力和专注力有限，但它们的学习能力已经完全没有障碍了。被呼唤进食的时候就知道跑过来，它们也知道如何跟同一窝的其他狗宝宝们交流，以及向狗妈妈学习等等全都不在话下。这个阶段的狗宝宝就像一块小海绵，不断吸收着外界的信息。此时，绝大多数的狗宝宝开始不断地实践多种成年后的行为。4–5周大的狗宝宝能够低声吼叫，追逐运动对象，像猎杀猎物那样撕咬物品，与同伴玩一些粗暴的游戏以学习如何控制自己的咬合力。无论公母，这个时期的狗宝宝都将会尝试交配动作，这倒未必与性有关，而只是在玩耍中尝试练习的一种社交体姿。

你知道吗？

大约5周之后，就能够发现狗宝宝们开始做梦了。这被认为是它们神经系统发育的必要环节。然而，它们梦到了什么一直是个谜。

你知道吗？

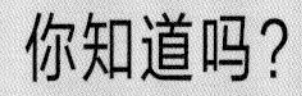

在一个实验中，研究人员把一窝吉娃娃幼犬和一群4–8周的小猫咪安排在一起喂养。这之后发现它们更喜欢与猫咪相处，而在看到其他狗狗的时候，甚至都没有意识到自己的狗狗身份。这就是为什么鼓励狗宝宝们与其他狗狗以及人类交往的重要原因。

新的经历

在狗宝宝们 7-8 周大之前，它们大多在繁育员家里跟狗妈妈生活在一起。在这期间，它们需要尽可能多地被安排与不同的人接触，以熟悉人类的气息与抚摸，并建立起它们与人类的亲密纽带——然而这一切应该在时间上有节制地开展，以免狗宝宝不堪重负或者惊慌失措。狗宝宝们还需要跟它们的同类一起玩耍，独身的狗宝宝如果没有狗狗间的友谊会变得孤僻自闭。

在这个时期狗宝宝们还需要尽可能多地接触不同的风景与经历。哪怕是开车带它们出去兜个风，都能帮助它们快速地适应不同的体验。鼓励它们与接种过疫苗、友好的成年狗狗甚至猫咪多接触，对它们也会大有裨益。更为重要的是，每天多次短时单独地陪护每只狗宝宝，就可以让它们逐渐习惯与人相处而不是依赖它的同窝伙伴与妈妈，这也是为它们离开原生家庭做准备。

断奶

第一个月，狗宝宝们是完全依赖母乳的。狗妈妈一天当中的绝大部分时间都会跟狗宝宝们待在一起，它会侧过一边身子，露出乳房供狗宝宝们随时吃奶。

大概 4–5 周大的时候，断奶的进程就开始了，狗宝宝们开始食用固状食物。这一过程是怎样开始的？简单来说，就是哺乳开始让狗妈妈变得痛苦。因为这个时期，狗宝宝们开始长出乳牙。八九只吵闹顽皮的狗宝宝争相用长出锋利牙齿的嘴吸吮狗妈妈的乳房，狗妈妈一定是非常难受的。

突然之间，哺乳的规则就变了。狗妈妈会尽可能久地离开宝宝们，进而导致每次狗妈妈回来的时候都被它的狗宝宝们饿虎扑食般地团团围住，这时绝大多数的狗妈妈都会站起来走开。挫败的狗宝宝们企图更努力地抓住狗妈妈，狗妈妈就需要将它们的觅食需求引向其他的食源——主人准备的一碗狗粮。

吃饭时间

断奶会促使狗宝宝们学会自己觅食，这也意味着它们要开始学着吃固状食物了。当然，第一步得从舔食盘子里的流食开始。过不了多久，狗宝宝们就能适应吃盘子里的固状食物了——然而有些狗宝宝会从玩儿固状食物开始逐渐适应。

同时喂食几只狗宝宝将会是极其混乱的场面，但最重要的是喂食者要监控整个喂食的过程，并确保每只狗宝宝都能在自己的食盆吃到自己的那一份，而不是共用一个大食盆。因为共用一个食盆的话，容易导致狗宝宝之间互相抢食，甚至可能发展成日后护食的不良行为。

在狗宝宝们意识到断奶之前，称职的狗妈妈将以既坚定又温和的方式将它的不悦告知给不断尝试吃奶的狗宝宝们。一个严厉的注视是警告的第一步，接着可能是一声低吼。非常固执的狗宝宝会被狗妈妈拱着鼻子推开（见右图），甚至狗妈妈会咬紧自己的下唇，拒绝与这只顽固的幼仔交流。

狗宝宝并非天生就知道严厉的眼神或者低吼意味着什么。细腻体贴的狗宝宝会比较快地明白过来，并在妈妈递出一个严厉的注视时就停止索求，而更多固执的狗宝宝会将它们的妈妈逼到忍无可忍。

最终，所有的狗宝宝都能明白，狗妈妈回窝的时候应该围绕着妈妈的嘴和脸舔抚，而不是在它的下腹打转，应该去吃固状食物。有趣的是，几乎所有的狗狗都保留了幼犬时期养成的打招呼习惯，即使是成年犬，见到其他狗或者人也会用嗅和舔对方的嘴和脸来表达问候。

准备领你的狗宝宝回家

大多数狗宝宝大约7-8周的时候会被领回新家。你越提前做好充分的准备，你的狗宝宝就会越快安顿下来。以下是你在领它回家之前需要做的准备清单：

- 咨询你家附近的宠物诊所，询问并预约好给狗宝宝接种疫苗的时间（见60页）。
- 致电咨询当地的幼犬训练营，并在报名之前要求前往参观。[②]
- 确保你家小区的院子是安全的。等你带狗宝宝回到新家，要做的第一件事也许就是带它到院子里大小便。
- 狗宝宝会嗅、咬、舔几乎所有的东西。确保将任何潜在的危险物（诸如电线或者易碎的装饰物）和有毒物质（诸如清洁剂或者药片）安全放置在狗狗够不到的地方。

② 在英国、德国这样的国家，法律规定所有的狗狗都需要上户口，并且一般要求满10周的狗狗参加狗狗训练营，接受基本安全、礼仪方面的训练，毕业之后发给狗狗毕业证，这个过程对狗狗以及主人来说都非常重要，建议中国也要引进与完善。——译者注

- 购买一些之前繁育员喂养狗宝宝的狗粮。因为狗宝宝的消化系统很脆弱，突然换狗粮可能会导致消化不良甚至出现危险，也会严重影响随后的家庭训练。

- 将水盆和食盆分开。

- 选择好安置狗狗睡觉的地方。比如，在安静的区域放置一个硬纸箱或一个提前准备好的狗窝，里面垫置暖和的毯子就是个不错的选择。可以的话，尽可能从繁育员那里带条毛巾或者毯子回来，这些毛巾、毯子上带着狗妈妈和它的兄弟姐妹的气息，可以帮助它安心入睡。

- 买一个轻便、舒适的项圈和可伸缩的牵引绳。永远不要对狗狗用有窒息危险的“P”链或者类似强“牵制”的项圈。

训练 1

训厕

繁育员在你领狗宝宝回家前也许已经开始了训厕，如果没有的话，这绝对是你首要进行的训练项目。学会预测你的狗宝宝何时需要大小便——玩耍之后、醒来之后、兴奋之后，以及用餐之后。在这些时间段，将狗宝宝带出去，在同一个地方守着它，哪怕下雨也要去。一旦狗宝宝开始到处嗅、转圈，就非常温柔地表扬它。大小便之后要毫不吝惜地表扬它，并给它一些零食作为奖励。

每隔一小时带狗宝宝出去一次，以便它随时需要大小便。同时，看好它，一旦发现它有嗅、转圈等便溺的迹象就带它出去。

如果狗宝宝出去之后没有大小便，那就带它回来。如果你预判它很可能会在下一个小时需要方便，而你在那个时间没有办法照看它，就把它放在家用的厕所或者游戏围栏，或者某个封闭的你不介意它可能在其内大小便的区域。大多数狗狗都不会在自己睡觉的区域方便，会尽力憋到下一次你带它出去的时候。

如果你发现狗宝宝有大小便的动作，或者有准备大小便的迹象，以严肃急促的声音喊“快走”，然后迅速把它带到你希望它大小便的地方，哪怕它已经便溺在地毯上了也需要这样做，哪怕它只在正确的地方尿了一滴，你也要表扬它。事实证明，表扬正确行为比惩罚不良行为更有效。

你对在家里犯了错的狗宝宝生气是毫无用处的。因为狗宝宝很快就会将它的排泄物与你的愤怒联系在一起——当你发现排泄物的时候它就会害怕，甚至更糟糕的情况是，它可能会尝试吃掉它的排泄物。所以，永远不要再用老式的惩罚方式对待它们，譬如强行按着它，指着它的排泄物大声吼骂甚至气急败坏地打它。

狗宝宝学说话

断奶（并且理解狗妈妈发出的拒绝喂奶的信号）是狗宝宝们学习理解其他狗狗身体语言的第一阶段——实际上就是如何说“狗语”。

你同样也可以学着理解一些“狗语”的表达含义。

耳朵

当狗狗感到焦虑的时候会将耳朵向后缩，这种情况下，耳朵往往与脑袋齐平。不过，狗狗表达友好的时候也会把耳朵向后缩。这种情况下，一般你可以看到它的耳内。

眼睛

狗狗会通过斜视或者眨眼来试图表达它没有威胁性，也可以表达它们的友好，或者它们的焦虑。

前额

就像人一样，狗狗也会在它们担心或者专注于什么东西的时候皱眉（当然了，我们也得考虑到，有些品种比如说拳师狗和沙皮狗天生就是皱眉的）。

尾巴

摇尾巴是不是表示狗狗很开心？其实并非总是这样。对狗狗来说，摇尾巴既能散播气味信息也能传递视觉信号。所以，尾巴摇摆的速度和位置就很重要：低摆、快速的摇动几乎是表达不确定；水平的、大幅度的摇摆通常表示友好。有些狗确实非常热情，它们的尾巴会像风车那样转圈。

嘴

大多数狗狗在表示友好的时候会谨慎地闭合牙齿，在狗狗相互间的交流中这是有礼貌的表现。然而，舔嘴唇和打哈欠都是在传递压力信号，在这种情况下你就需要当心了。

身体

自信的狗狗会充分地舒展自己的身体，处于焦虑中或者恐惧中的狗狗下半身会靠近地面，并会让自己的身体远离任何压力源。

认识

莫莉，一只英国指示猎犬

莫莉非常聪明。当它第一次到新家的时候就无师自通地知道如何打开厨房的感应垃圾箱。它会激活感应器、打开盖子，把里面的垃圾和剩饭剩菜翻腾得乱七八糟。它的主人决定将感应垃圾箱转向另一边，这让莫莉沮丧至极，它再也吃不到昨夜的剩饭剩菜了。当莫莉无法再把脑袋伸进垃圾箱探索时，它就会啃咬它最爱的狐狸玩具，就像一位女皇在享用手工做的蛋糕一样。它在家里有个非常喜欢的位置，即喜欢在沙发上舒适地依偎着家人。

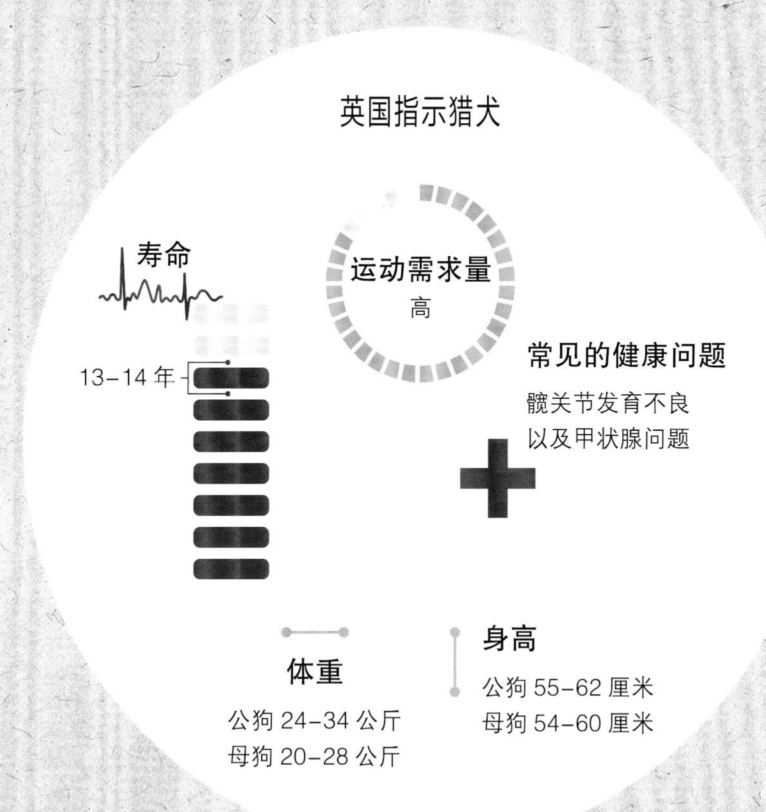

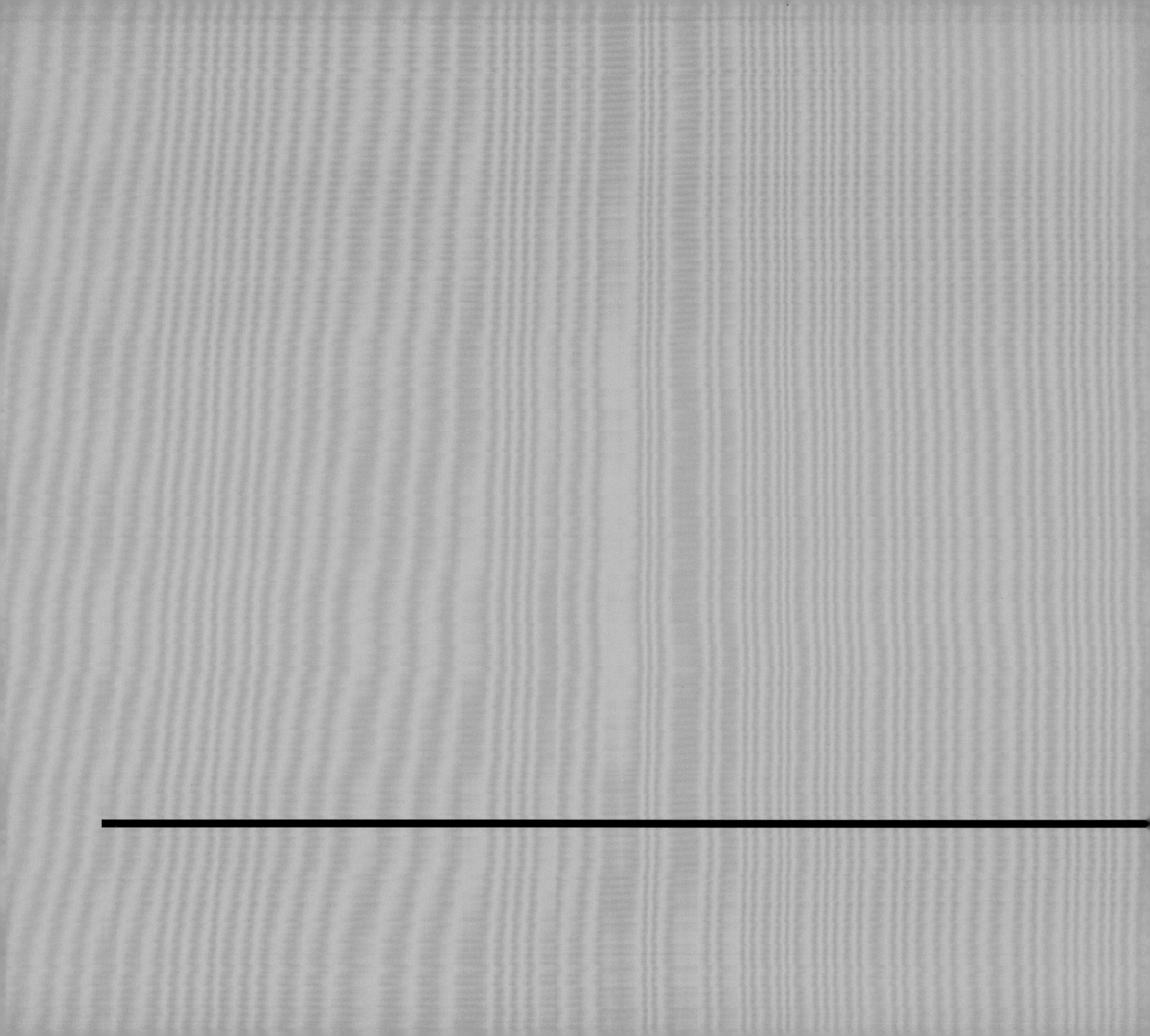

第三章 体格发展

8–12 周

融入社会

8 周大的时候，狗宝宝们的四肢已经发育得比较健壮了，肌肉也逐渐发达起来，它们的食欲旺盛，眼神里充满对世间万物好奇的狡黠。就像成犬一样，狗宝宝们此时也能奔跑、跳高、猛扑和小跑，只是它们的持久力和力量还有很大的增长空间。在这个阶段，狗宝宝们的关节还比较脆弱，容易受到意外的伤害，所以 9 个月乃至 1 岁以下的狗狗都需要避免过度锻炼。最好也不要让它们过多地爬楼梯或者频繁地后腿直立。

这个阶段的狗宝宝将进入融入社会的发展阶段。如果没有监护的

你知道吗？

狗宝宝生命中的这个阶段又被称为“关键阶段”，这是因为这个阶段的狗宝宝如果缺乏足够的社会化训练，将可能导致终生懦弱胆小。

话，它们探索一切的欲望可能会给它们带来很多麻烦，它们磨牙的需求如果没有被引导到合适的磨牙玩具上也可能会发生危险。它们习惯用尖利的牙齿去感知物品、其他动物，甚至包括我们！这是狗宝宝成长教育中非常重要的常规部分，因为在这一过程中它将习得恰当的咬合力度。其实，早在狗宝宝们在与同窝小伙伴们相互啃咬玩耍的时候便了这一启蒙教育，但它们中的大多数却在 12–14 周接种疫苗之前错失了与其他伙伴进一步学习社交的机会。如果你的狗宝宝存在这种情况，请尽力弥补这一缺憾，提早接种疫苗（见 60 页）并参加专业的幼犬训练都是有助益的。

这个阶段狗宝宝还应当尽可能多地结识不同的人、其他狗狗和动物，尽量多给它们安排一些丰富的社会经历。等到接种完全部的疫苗再做这些就太迟了。但一定要确保这些经历都是积极的，不要带它去诸如烟火表演或者人流密集的商场等等可能让它受到惊吓或容易感染疾病的地方，不要想当然地认为它会适应这些。

狗宝宝的第一针疫苗接种

狗宝宝们通常会被安排在8周左右接种第一针疫苗，但（取决于兽医）也可以接种得早一点，第一针可以安排在6周，第二针安排在10周。

兽医将为你的狗宝宝制定一个疫苗接种流程的时间表，以防止四种主要的疾病——犬瘟、肝炎、钩端螺旋体病和细小病。你也许还想给你的狗宝宝接种预防犬舍咳的疫苗，对此兽医可以给你一些建议。由于上述这些疾病都是致命的，因此在第一年的疫苗流程结束之后，狗狗还需要每年再接种1-2针疫苗。

在给狗宝宝接种完全部疫苗之前，不要带它去接触任何可能感染了疾病的狗狗或者易滋生细菌的草地。[③]当然了，只要你知道与狗宝宝接触的成犬及时接种了疫苗，你就可以允许它们在一起玩。

重要提示

保存好狗狗的疫苗记录本和免疫证明，因为将来在你需要带它到临时寄养所或者带它出国等情况下，就需要提供这些材料。

③ 感染了疾病的狗狗以及它们的排泄物，草地上的蜱虫、跳蚤等等都可能成为狗宝宝生病的感染源。——译者注

健康检查

走进精彩广阔的外部世界

狗宝宝们一般在7-8周被带到新家，这对它们而言是非常重要的时刻——有那么多新奇的地方可以探索，有那么多陌生的人可以去认识！如果搬家对人来说都是件很有压力的事的话，可想而知这对狗宝宝来说压力会有多大——狗生第一次远离自己的妈妈和小伙伴，要独自去面对陌生的环境、声音与气味，一点也不奇怪大多数狗宝宝最初到新家时的胆怯。所以你越是提前做好充分的准备工作，你的狗宝宝就能越快地安顿下来。

可以做的

- 确保狗宝宝有一个属于它自己的舒适温暖的窝。一个硬纸箱或者室内狗舍就比较理想。
- 在白天训练它重新适应睡眠。狗宝宝刚到新家的头几晚往往睡眠很差，因为睡觉的地方对它来说很陌生。所以白天看到狗宝宝打盹的时候，就把它抱到你期望它晚上睡觉的地方去，然后让它自己待在那里。如果它呜鸣或者哭叫，先等几分钟看看它是否会自己安静下来；如果不行的话，你需要给它时间让它逐渐适应独处。
- 确保狗宝宝睡觉之前已经上过厕所。做好头几天晚上需要起夜带它去大小便的准备，或者至少每天早晨你需要早起一些，优先带它去大小便。

不可以做的

- 不要抱狗宝宝上床与你共眠，也不要允许你的孩子这样做。不然你的狗宝宝会逐渐依赖这种亲密行为并期望永远这样。
- 倘若它持续的吠叫、咆哮或者呜鸣让你不得入睡，请不要对你的狗宝宝大吼大叫或者发火。它这样做只是因为它没有安全感，而你任何明显的暴躁行为只会让情况变得越来越糟。④

④ 头几天晚上，可以准备一个毛绒玩具，在里面塞进一个小闹钟，放在它的窝里陪它入睡。小闹钟的嘀嗒声可以模仿狗妈妈的心跳声，帮助安抚它的焦虑和恐惧。——编者注

狗宝宝与小朋友

俗话说，狗宝宝与小朋友唯一的区别是腿的数量不一样。如果狗宝宝的新家有小朋友的话，从一开始就需要确立一些基本的准则以确保他们友好相处。

狗宝宝很容易疲倦，一旦倦意来袭，它们就会像闹脾气的婴幼儿一样，变得烦躁易怒。互动应该是短暂而愉悦的，并且狗宝宝应该有一个可以安静睡觉、不被打扰的地方。板条箱或者室内狗舍比较理想，因为狗宝宝可以安全地待在里面，窝外的门锁可以阻止小朋友闲不住窥探的手指。

任何年龄段的小朋友都需要学习如何正确地轻抚和抱起狗宝宝。可以轻轻抚挠狗宝宝的胸和肚子，而不要随意抚弄狗宝宝的头，后者会被视为威胁。

小朋友们还需要知道，将脸或者头靠近狗宝宝的脸是一种邀请狗狗玩互咬游戏的暗示。尽管狗宝宝无意伤害小朋友，但它们锋利的牙齿确实能够伤害到小朋友。抢夺游戏还可能导致狗宝宝过度的兴奋，从而有可能误伤到小朋友。而藏找一个玩具的游戏、训练性的游戏、扔球或飞盘的寻回游戏则更加适合小朋友与狗宝宝互动，当然也更安全。

狗宝宝与成年狗

也许你已经有一只稍大一点的狗狗？比较理想的做法是介绍它们两个在中立的场所见面——可以是花园，或者是繁育员的家。牵好你的大狗，但可以允许它去嗅待领回家的狗宝宝。大多数成年大狗见到狗宝宝都会比较兴奋，如果你不确定它会有怎样的反应，一开始还是小心一点为好。

当两只狗相互认识之后，让你的大狗先进家门，狗宝宝跟着再进。这个时期你要给予大狗更多的表扬和关注，哪怕这意味着有时要忽视狗宝宝一会儿。尽管似乎比较难，但这对你原先的大狗来说却是至关重要的，这会避免它因为需要争宠而与狗宝宝发生冲突。

如何避免侵犯其他狗狗？

如果你温顺的大狗允许狗宝宝跳到它身上，并且并没有让狗宝宝下来，狗宝宝可能误以为这样的行为是可以被接受的。当狗宝宝在公园里对一只陌生的大狗也这样做的时候，也许就会受到陌生成年狗强烈的排斥和警告，而这会导致狗宝宝自此害怕陌生的狗狗，反过来它可能因为害怕又对其他陌生的狗狗做出侵犯行为。

要避免这些，可以遵循以下的规则：

如果狗宝宝举止粗暴的话，允许你的成年狗让它下来。在这一过程中，注意防止大狗对小狗身体上的伤害，但应该教狗宝宝学会尊重对方。

给大狗留出单独跟你待在一起的时间。

确保大狗与狗宝宝的互动是可控的、被监督的。如果它们玩得越来越过火，干预它们，告诉它们玩耍时间到了，特别是大狗比较温顺，小狗越来越胡搅蛮缠的情况下。

如果它们经常腻在一起的话，多带狗宝宝单独出去几次。有些狗宝宝会变得很依赖大狗，没有大狗陪着就完全不行。

训练 2
我叫什么名字？

这也许是早期训练中最重要的部分了。无论你在哪里，或者狗宝宝正面临着什么诱惑，如果一喊它的名字它立马就能看你，那剩下的训练就容易多了。

1

在一个没有干扰的区域开始训练。拿一个零食在拇指与食指之间，一旦狗狗开始嗅就把手举到你的眼前。

重要提示

每次狗宝宝回应你的召唤，你都要点头或者对它说“很棒”，给它一个零食，或者陪它玩一会儿。如果你老是喊它的名字却没有任何奖励，它很快就会忽视你的召唤了。

2

如果它抬头看你的脸，就立马点头或者说“很棒”，然后给它零食。这样重复 4 次。

3

到第 5 次，手自然垂着，用欢快的声音喊你狗狗的名字，如果它抬头看你，立马点头或者说“很棒”，并给它食物奖励。如果它有些勉强，就把手举到你的眼前帮助它理解，让它看到你的用意。

4

重复这个模式 4–5 次，只要狗狗抬头看你的脸就给它奖励。

5

现在，手上不要拿食物，然后喊它的名字去引起它的注意，如果它迅速回应你你就点头、奖励它。重复这个训练直到熟练掌握。

训练 3
随喊随到

出于基本的安全保障，当你喊狗狗的时候，狗狗直接奔向你是很重要的。

1

站着或者蹲在离你狗狗几步远的地方，然后以友好的声调喊它。

重要提示

永远不要喊狗狗过来后，做些让它不开心的事情，譬如说喷涂驱虫药或者做药物治疗。这容易让它误解为这是喊它跑过来后所对应的惩罚。

摇晃手里可口的食物，然后慢慢向后退。

如果它没有反应，拍拍手或者发出引起它注意的声音，直到它走向你。一旦它这么做，你就要点头肯定或者说“很棒”，然后把手里的零食扔到你面前的地上。

慢慢拉长它要过来拿取食物的距离，当你喊它过来它就会过来时，一定要表扬和奖励它。

现在试着在任意的时间内，从屋子里以及房间周围喊它，然后再试着在屋外花园或者院子里喊它。训练它基本上能够有呼必应之后，再到有很多干扰因素的公园或者树林中练习。

狗狗的智力

人们总是问哪一个品种的狗狗最聪明。这个问题很难回答，因为每种狗狗都有它非常在行的领域。譬如，有的狗狗擅长通过气味寻找东西，或者捕捉训练口令或视觉线索。还有一些狗狗很快就能知道如何取悦自己——偷了屋里的东西并咬坏了之后，想喊它过来问责时，它不仅不过来反而扭头就跑，也许我们会将此视为调皮而烦恼，但其实这正是它们非常聪明的表现。

所有的狗宝宝都需要花大量的时间在它周围的世界里探索、试验和发现。这将有助于构建它们的大脑神经网络，提升它们解决问题的能力。这就是为什么要从一个拥有丰富环境的家庭中领养一只狗宝宝的重要原因，因为单调贫瘠的环境会严重干扰狗宝宝的智力发育和身体发育。

认识

玛蒂，一只达尔马提亚犬

它与众不同的斑点和鲜明的特征让玛蒂赢得了极高的回头率。除了喜欢拔草和钻洞之外，它还非常喜欢玩接球的游戏。它活泼好动、精力旺盛，而且善于观察和思考，它会观看电视里的野生动物纪录片。作为一只顽皮的狗宝宝，它最喜欢的恶作剧是在户外活动的时候解开陪它遛弯的人的鞋带。它是一只成长迅猛的狗宝宝，无论何时只要它饿了，就会叼起它的食盆，一直到它被喂食为止。

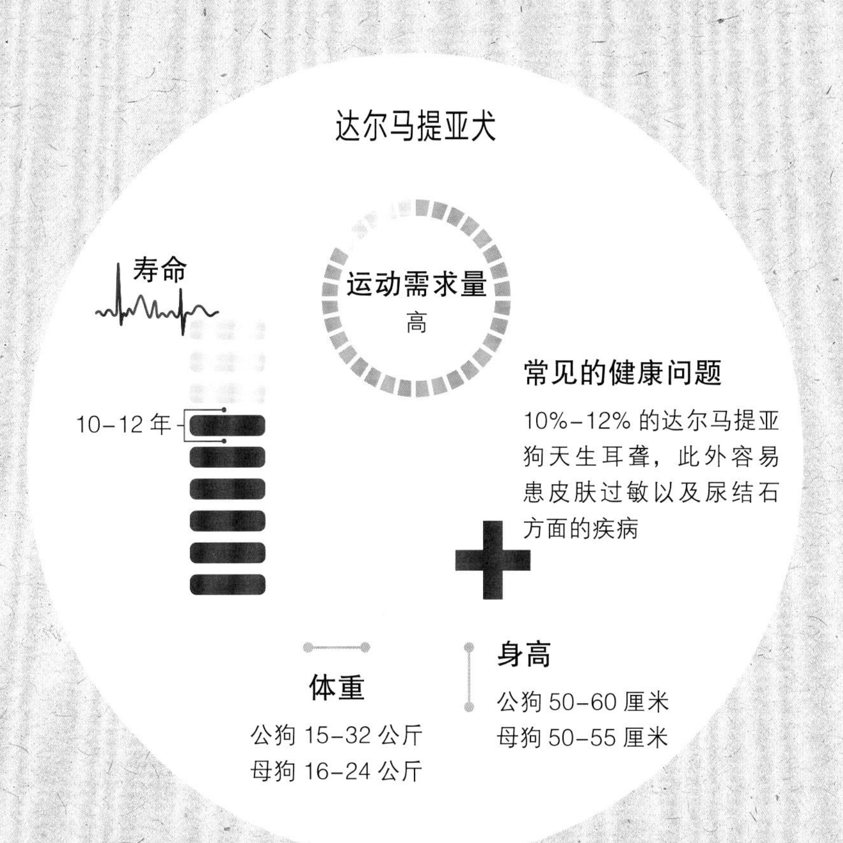

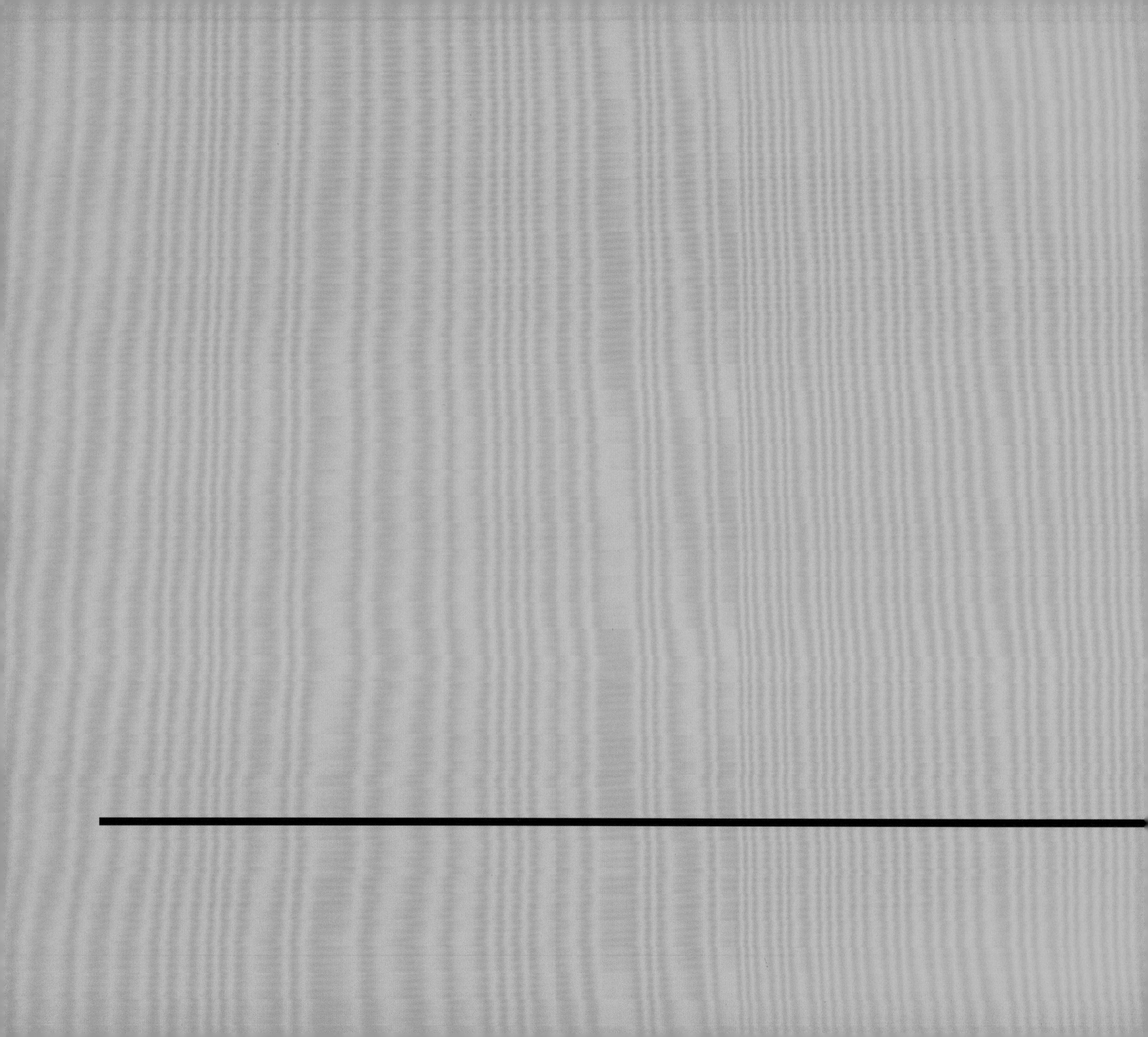

第四章 可怕的活力宝贝

13–16 周

少年时期

到了生命的这个阶段，狗宝宝一般被认为进入了它们的少年时期。它们在这个阶段的成长速度取决于它们所属的品种。小型的、发育迅速的狗狗比如梗犬，到16周的时候已经在行为举止和体形特征上与成犬别无二致，而纽芬兰犬在这么大的时候无论长相还是行为都还像个稚气未脱的宝宝。

无论是体形还是行为举止，一些独特的品种特征会在这个阶段更加明显。举几个例子：很多狗宝宝，比如德牧，出生的时候耳朵都是软塌塌的，只有到了这个阶段它们的耳朵才会完全竖起来；其他的品种，比如可卡犬，它们外表纤细的绒毛在这个时期会被一层更为厚重的毛发所取代，并且这些新的毛发会先在狗狗的后背上出现；所有类型的寻回犬在这个阶段都喜欢叼捡东西；而牧羊犬则开始相互之间的追踪和扑袭。

这个年纪的狗宝宝似乎有着无限的精力！你也许会尝试带它进行大量的运动以消耗它的精力，但你要记得它还在发育阶段，它的四肢还没有发育至最终的长度，关节和肌肉也还没有完全定型，而过量的运动容易让它受到伤害。

阻止狗宝宝乱咬东西

所有的狗狗都需要磨牙，尤其是在出牙期间又遭遇牙龈发炎时。遗憾的是，狗狗并不了解一根棍子和一条桌腿之间的差别，也区分不了一双旧拖鞋和一双崭新的运动鞋有什么不一样。

给狗狗准备充足的磨牙玩具！奖赏狗狗可以磨牙的玩具是理想的做法。有些品牌的宠物玩具公司出品的磨牙玩具设计得就非常独特——在玩具中间塞进一些零食，这样狗狗在啃咬的时候就能吃到。

有些狗狗独自在家时会咬东西以打发无聊，缓解沮丧或压力。这种情况下，要确保你离开的时间不会太长，并且在你离开前给它在平时其他时间没机会玩的、非常好玩的玩具，供它啃咬、玩耍。

如果你的狗狗正在啃咬和吞咽不合适的物品，拿走这些物品，给它更安全的磨牙玩具。

也正是在这个时期，狗狗的乳牙开始脱落，新牙开始长出，加之狗狗好奇的天性，这个时期它需要咬东西，咬很多的东西！大多数狗狗遇见什么就咬什么，无论是你的家具还是鞋子。为此，要确保提供给它足够多的磨牙玩具。

狗宝宝们需要观察、聆听、嗅闻它们周遭的世界。若想成为一只品行优良的狗狗，它们就得学会如何回应或是回避周围所有的刺激因素。如果你担心它的疫苗接种流程还没有结束（一般是 12 周左右完成，见第 60 页），那就带着狗宝宝，只让它跟你知道的已经接种完疫苗的狗狗玩。

行为主义者有时会将狗宝宝 13-16 周这个时间段称之为“断离的年纪”——掉牙、摆脱依赖。很多主人发现，这个年纪的狗宝宝开始像一个叛逆少年一样试探社会的底线——不听从命令、不服从指挥、耍心机——而且经常发脾气，比如戴牵引项圈时就使劲挣扎。此时你需要保持冷静，并给它传递明确的边界意识，让它知道它的活动范围以及什么样的行为是可以被接受的。如此往后你就会避免很多麻烦。

恐惧期

很多狗狗在这个年纪都会经历一个“恐惧期”，它们会突然对一天前或者一周前还非常熟悉的东西或事情感到害怕。回溯狗狗野生祖先的历史可以帮助我们解释这一切。在野生狗狗的群体里，一胎狗宝宝们会紧紧依偎在一起待在窝里，即使其他狗狗都出去觅食的情况下，也会留下一到两只成年狗狗守护它们。突然之间，家养的狗狗在这个阶段行动自如，甚至可以独自溜达出去玩耍或探索世界。狗宝宝在面对新的刺激或者体验时变得紧张恐惧是留存在基因里古老的保护机制在起作用，这样它们在遇到从未见过的事物时更倾向于跑开和躲避。

虽然这种现象是完全正常的，但在狗宝宝还没有形成恐惧意识前，你需要正确地予以处置：如果狗宝宝对任何新的甚至原本熟悉的人、狗或者事物感到害怕，请你尽可能忽视它胆怯的行为举止，表扬和奖励它勇敢的行为。

带狗宝宝绝育

全世界关于是否应该给狗狗做绝育的争论从来都没有停止过，但我认为绝育对狗狗的健康大有裨益，同时人们也可以借此减少遗弃狗狗的行为，甚至降低它们因为无家可归被安乐死的概率。

摘除两颗睾丸之后，公狗睾丸激素的主要来源就没有了。公狗在12周之后可以进行绝育手术，不过总体来说，应该在狗狗性成熟之后再进行绝育，比较理想的时间是8个月到1岁之间。如果在狗狗中年之前实施绝育的话，就能有效避免罹患譬如睾丸癌一类的疾病。不过，与我们通常预期的不一致，绝育后的公狗并不会因此就“冷静”下来。

母狗在5个月左右便可以实施绝育，但兽医们对母狗在绝育前是不是应该生一胎意见不一。绝育对母狗来说，可以非常有效地避免乳腺瘤和子宫蓄脓，子宫蓄脓是非常严重的一种子宫感染。虽然母狗在任何年龄都可能出现尿失禁的风险，但在体重超标以及生育头胎之前就实施了绝育的母狗身上更为常见。

狗宝宝的超能力

（感官与狗宝宝的特长）

选择性繁育意味着特定的品种擅长某一行为与技能，而这些通常可以在工作和体育运动中帮助我们。

尽管所有健康的狗狗都是依靠感官来探索周遭的世界与我们互动，但不少狗狗拥有相当出色的感知技能，使得它们在各领域里成为出类拔萃的行家里手。

寻血猎犬

这种狗因其难以置信的追踪技能而闻名。尽管品种培育的过程使得它的耳朵低垂，但这却不妨碍它能够循着飘进鼻子的气味分子进行精准追踪。

西伯利亚爱斯基摩犬

这种狗是天生的跑步健将，步速极快，这种长距离奔跑的能力非常惹人嫉妒。它们甚至可以在奔跑的过程中解决大小便的问题。

纽芬兰犬

这种狗是杰出的游泳健将，它们本是为了帮助加拿大东海岸的渔夫在冰冷的海水中拉回渔网而培育的。它们不仅脚掌有蹼，还有大量厚重的毛发帮助它们御寒。

巴森吉猎犬

这是一个不寻常的品种，据说是埃及法老的宠物。最初是为了户外狩猎以及清理家中宝宝的尿布而培育的！它不会吠叫，而是通过一种独特的假音来表达自己。

训练 4
坐下

坐下，是狗狗需要学会的一项重要技能。

1

拿一个零食先给狗狗看。用拇指与食指把零食夹紧，以便它可以闻到零食的味道，甚至可以舔一舔，但它不能从你的手里叼走零食。

2

将零食靠近它的鼻子，缓慢地上下晃动，这样它自会跟着你的手指抬头看。

3

这样就会形成一个肢体的连锁反应——当它抬头的时候，它的屁股必须下沉。一旦它的屁股着地，你就点头肯定或者说“很棒”，然后把零食给它。重复这个动作至少5次。

4

现在再次重复这套训练，不过在你晃动零食之前，先说“坐下”。

重要提示

一旦你的狗狗能够熟练地跟随指令坐下，就不要再用零食作诱饵，以免它对食物产生依赖。

不拿诱饵的情况下

1

将手指保持原来的姿势，只是手里不再拿食物。

2

发出让狗狗坐下的指令。如果它照做了，点头肯定或者说“很棒”，然后迅速从另一只手里或者罐子/口袋里拿出一个零食奖励它。

分离焦虑症

狗狗是社会性动物，需要陪伴。如果让它长时间无所事事地独处，它会很难过。存在这样一种风险，即你的狗宝宝可能会对家庭成员中的某一位或某几位产生过度依赖，从而导致“分离焦虑症”——它所依赖的家庭成员不在的情况下没有办法独处。患上分离焦虑症的狗狗在你离开的时候可能会狂吠、哀鸣或者吼叫；它们也可能会因此出现肠道紊乱或者尿失禁的病症，把家里搞得一塌糊涂；它们还有可能为试图引起主人的关注变得具有破坏性——啃咬、撕扯或剥落物品、门框、家具。要避免这些，就需要教你的狗宝宝如何在短时间内适应独处。以下是几个有用的诀窍：

- 不要让你的狗宝宝成为你在家时如影随形的影子。定时、有规律地关上你的房门，这样你的狗宝宝就不能随时与你保持联系。
- 适当地关注你的狗宝宝，而不是时时刻刻满足它被关注的需要求。
- 在你需要离开准备让它独处之

前，要确保它已经累了，而且也上过厕所了。

- 喂食你的狗宝宝会让它昏昏欲睡而变得平静。
- 在它独处的时候，请开着收音机，并留给它一个它很喜欢的磨牙玩具。塞着零食的磨牙玩具就很理想。
- 迅速并安静地离开，不要在离开前再去骚扰你的狗宝宝。
- 开始的时候先让狗宝宝独处几分钟，再慢慢延长到一小时左右。
- 当你回到家，要立刻带狗宝宝外出去大小便。不要因为它独自在家里大小便而责怪它。
- 多次练习短时间内的独处。对于5个月以下的狗宝宝来说，建议不超过两个小时。

训练 5

趴下！

教狗狗趴下要比教它坐下（见第 88 页）花更多的时间，所以请耐心一点。

1

先让狗狗坐着，拿一个零食靠近它的鼻子。缓慢地向地面移动你的手，直到放到它的前爪之间。翻转你的手掌，让零食藏于掌心。

2

很快，你就能看到你的狗狗是试着弯下前身去够零食还是会轻轻往后退。无论哪一种情况你都只能等待。不要试图顺着地面移动你的手掌，否则你的狗狗又会回到站立的姿势。

3

要有耐心。如果狗狗失去了兴趣，就先给它看看你手里的零食，以此在再一次翻过手掌藏起零食之前，诱使它移向地面。

4

一旦狗狗趴下，立即点头称赞然后把零食扔给它，记得要扔到它的前爪之间，让它吃掉（防止它像玩溜溜球那样跟着你的手再爬起来）。

5

重复几次，有时拿零食，有时不要拿。当狗狗趴下之后还是要点头称赞，并给它在地上放一个零食。当你确定它能够随着你的手势趴下时，在移动诱饵之前即刻对它说“趴下”。

趴着不动

一旦狗狗学会跟随指令趴下之后，你便可以在点头和奖励零食之前等一会儿，这样可以教它趴更长的时间。经过几个训练期，让它从趴 5 秒逐渐过渡到 90 秒。

打理狗宝宝

很多主人想当然地以为只有长毛狗狗才需要频繁的打理、收拾。事实上，就算是毛发最顺滑的狗狗也需要经常清洁耳朵、牙齿和洗澡。

耳朵

对狗狗的耳朵进行检查，必要的话用沾湿的脱脂棉清它的耳郭和其他可见的部分。不要用类似棉签的东西伸进狗狗的耳朵里掏。如发现有褐色的液体从狗狗的耳朵流出，或者其耳道有很难闻的气味，就需要寻求兽医的帮助。

牙齿与嘴巴

至少一周清洁一次狗狗的牙，在手指或者指套牙刷上挤少量狗狗专用的牙膏，从前往后温和地摩擦它的牙齿和牙龈，再从牙床刷到牙缝，清除食物残渣，最后温和地按摩牙龈。

眼睛

有一些品种或一些个别的狗狗，它们的眼睛容易流出眼泪形成褐色的泪痕。用脱脂棉轻轻擦去狗狗的泪痕，除非兽医要求，否则不要用任何药膏、眼药水或其他药品去接触狗狗的眼睛。

梳毛

给狗狗梳理毛发要选用一个柔软、轻柔的刷子，橡胶材质的会比较理想，它会顺带按摩皮肤而不只是拉扯毛发。面部、耳部的细绒毛最好用一个专用的梳子梳，注意不要拉、拽毛发下面的发结。对于发结，用剪刀剪掉比较好。

洗澡

大多数狗狗，如果它们平时能够得到较为规律的擦洗，并且没有什么浓重的体味的话，一般一年洗两次澡就够了。因为太频繁地洗澡会剥离狗狗毛发下面的自然油脂和防水层。洗澡前要先确保洗澡水是温热的，但不能过烫，最后一定要把全身的沐浴液彻底冲洗干净。洗完之后一定要给狗狗吹干、梳毛，并确保不要让它着凉。

认识

卡洛儿，一只可卡犬

卡洛儿是一个性格开朗、招人疼爱的伴侣。它爱玩儿，专注，精力充沛，喜欢任何形式的运动。卡洛儿喜欢跟任何一个愿意跟它玩的人玩抛接、拉拽它最爱的玩具的游戏。它已经学会听从指令坐下，也喜欢自家做的手工零食。卡洛儿还是只心思细腻的狗狗，它非常喜欢与家人在沙发上共度闲暇时光。

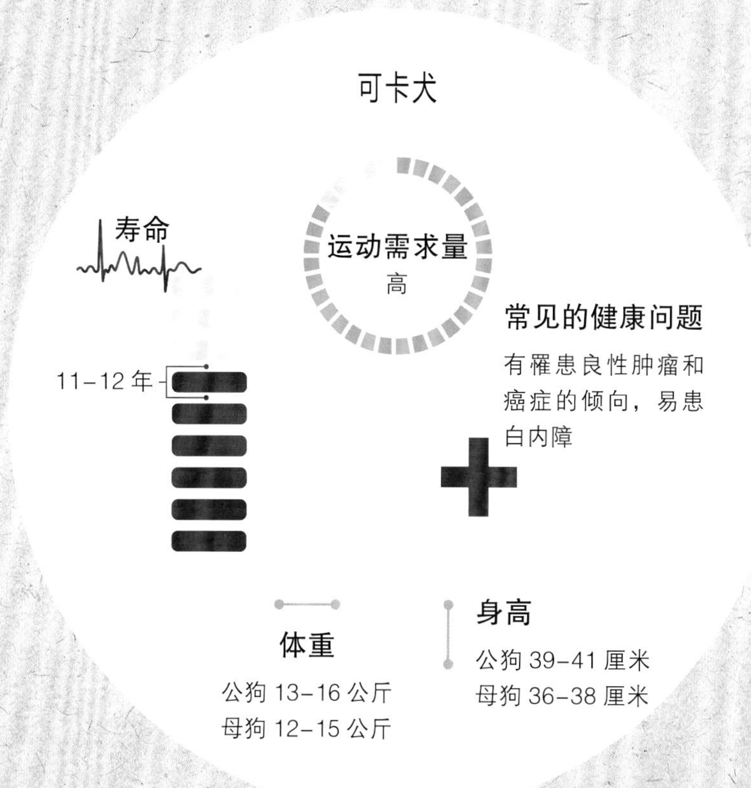

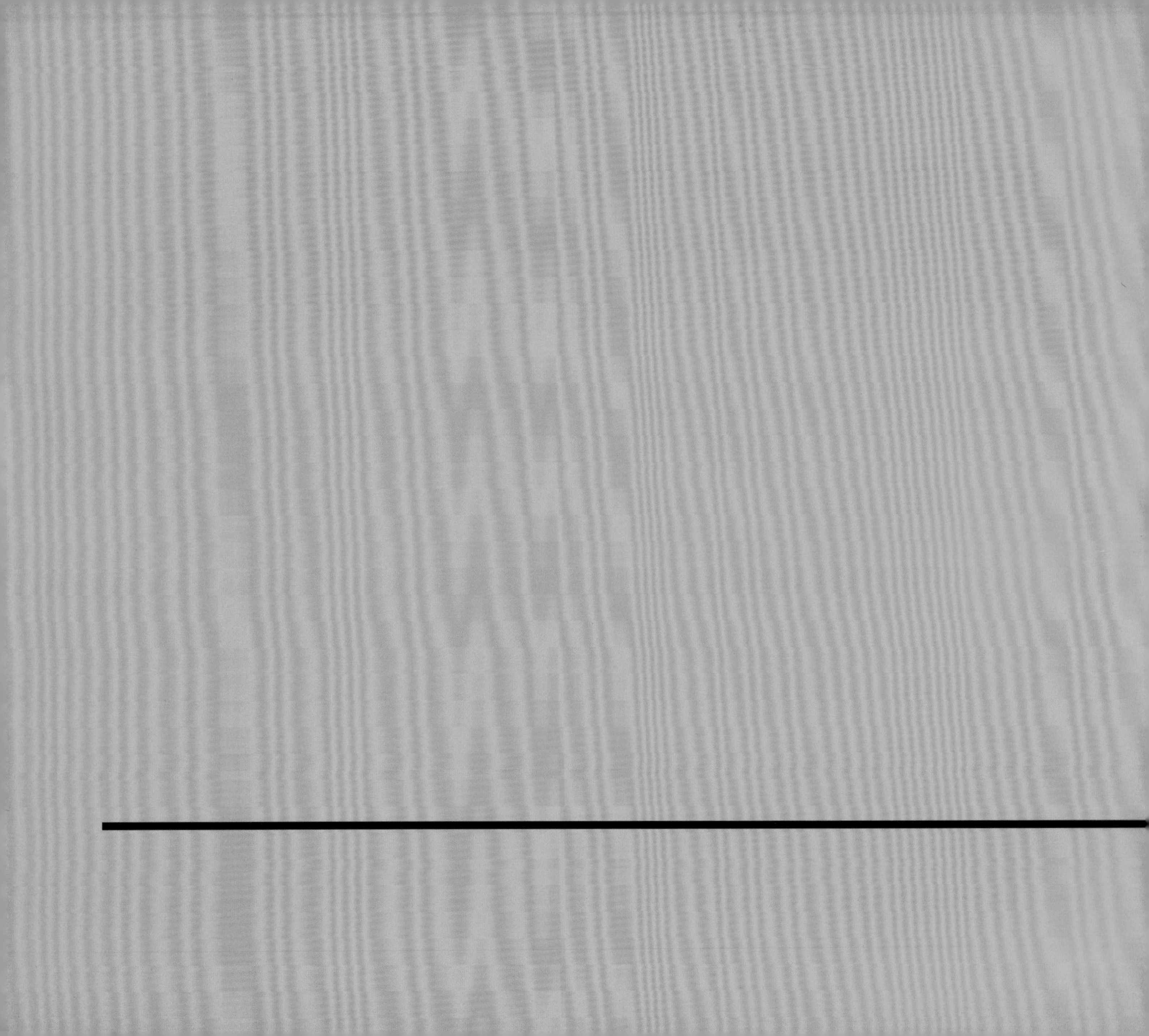

第五章　训练你的狗狗

4-6 个月

青春期前期

从生理特征上来看，狗狗一生当中的这一阶段，最显著的特征就是它们的乳牙会依次被恒齿所替代。

狗宝宝的乳牙非常锋利！与恒齿相比，乳牙要窄一些，也没有那么结实——这是有道理的，因为直到幼年期，狗宝宝们的牙齿都不需要多么耐磨。

大多数狗宝宝一共有 28 颗乳牙——它们没有臼齿（因为这个阶段它们还不需要啃骨头）。在数周之内，狗宝宝们的乳牙会被 42 颗恒齿所取代。换牙固然有严格的先后顺序，但不一定遵循严格的时间表。大多数是在 12 周左右从门牙（在尖尖的犬牙之间的那几颗牙齿）开始换起——根据个体的差异，这一进程开始得可能早一点也可能迟一点——其他的牙齿会紧接着被替换，到 22 周，基本上所有的恒齿都替换完毕。

让狗狗停止刨地

大多数狗狗只有在很无聊的时候才有可能刨地。如果你想阻止你的狗狗在你的花园或者美丽的草坪上挖掘，以下是几个你需要理解的基本规则：

有一些品种——特别如梗犬——刨地的需求是它们本能行为中不可或缺的。它们原本就是为了干这类事而培育的。

如果你打算把狗狗放在屋外而不加看管，那你必须得给它找点事情做而不要让它百无聊赖地闲着。

责骂正在刨地的狗狗是没有用的，事实上你的责备可能会让它刨得更起劲，因为它正在做的“坏”事就成功地吸引了主人的注意。

你可以给狗狗找一个允许它刨的地方，这样能让我们比较容易接受狗狗刨地的天性。

选一块合适的区域给狗狗刨。可以是花坛的一部分，也可以是小朋友玩的一小块沙坑——在里面装上疏松的沙子。

每天带狗狗到这个地方来。让它看着你在里面藏一些骨头、零食、玩具之类的好东西。

只允许它刨这块区域。

重要提示

户外太潮湿？那就给它做一个室内的挖掘箱！可以在一个硬纸箱里铺上几层旧毛巾，里面夹上零食和玩具。

就像孩子换牙一样，你也会发现狗宝宝脱落的乳牙，但狗狗宝宝掉落的乳牙只是牙齿顶端空心的一截，并没有牙根连着。这是因为乳牙的正下方慢慢冒出的牙蕾再次利用了原来的牙根，从而使得新长出的恒齿就出落在原来乳牙的位置上了。

有时候，有些狗宝宝的某些乳牙没有脱落。这主要会影响犬齿，而且出现这种情况往往是因为新的牙蕾并没有直接从乳牙的牙根下长出来替换乳牙，也就是说，新长出的恒齿挤在了原来乳牙的旁边。这样的话，这个狗宝宝就会一边各有两颗犬齿。如果出现这种情况的话，必要时就需要做拔牙手术拔掉那个未脱落的乳牙。

恒齿也许没有乳牙锋利，但它们的功能是用来撕裂、切断、磨碎食物的。恒齿大概需要好几周才会完全长出来，一些品种的狗狗和某些个别的狗狗可能永远都长不全，尤其一些小型犬更是如此。

跟我们一样，如果想让狗狗的牙齿保持健康的话，也需要每天为它清洁牙齿（见第 94 页）。

训练 6

牵引随行

（第一阶段）

也许你会觉得很奇怪，但训练狗狗能让你毫不费力地牵着它随行的最好方法，的确是从练习静止站立开始。这是因为狗狗朝自己想走的方向迈出的每一步，都会因为被牵引而得到奖励。

1

从客厅、厨房、走廊给它系上牵引绳开始。静止站立。将牵引绳收紧靠近你的身体，以防止狗狗将绳子拉向它那一边。

2

拿一个零食放在靠近狗狗一侧的手上，并且让它看到。只要它看着你并保持着牵引绳松弛的状态，就点头或者说“很棒”，然后把零食扔到靠近你脚跟的地上给它吃，这样既可防止它抢食，也能引导它关注地面而不是盯着你的手。

3

稍微转一下身，身体随之移动一点，但是你的脚仍保持不动。这样狗狗就必须走一两步以确保它还能站在你旁边。看看它的位置，如果牵引绳绷紧了，就站着不动等待，以确保你控制牵引绳的手保持在原地。

4

每次牵引绳松弛下来就点头或者说“很棒”，并奖励它一个零食。这样做的时候，记得把零食放在你的脚后跟。

5

重复几次这样的练习，然后停下来，一起玩一会儿游戏。

训练 7

牵引随行（第二阶段）

一旦狗狗理解了只要保持牵引绳的松弛就能得到奖励，接下来就是要让它在你们出行时能够随行和服从。

1

就像第一阶段（见第 104 页）一样，从静止站立开始，给狗狗戴上牵引绳站在你旁边。

2

保持狗狗的注意力，然后走一到两步。如果看到牵引绳是松弛的，点头称赞并扔给它零食。

3

再次走起来——这次走三步——始终留意只要牵引绳能松弛着就给它奖励。反之，只要牵引绳有一点绷紧就静止站立。

4

重复几次这样的练习。每次走几步，如果狗狗能让牵引绳保持松弛就点头称赞并给它奖励。一旦狗狗掌握了，你可以多走几步并换个方向，重复之前的“点头+奖励”训练模式。

重要提示

在这个阶段，有的狗狗会试图利用它的力量、体重或者下蹲的重力让你失去平衡。为此你得抓紧牵引绳，并将牵引绳扣到你的腰带上。

给狗狗修剪趾甲

几乎所有的狗狗每隔3-4周就需要修剪一次趾甲。首先训练你的狗狗配合你保持不动、能顺从地让你抬起它的脚爪，这样你们双方都会轻松一些。修剪狗狗的脚爪要频繁多次，但千万注意每次不要剪得太短。经常定期剪趾甲会使得趾甲下面的肉根逐渐后移，这样以后你就不容易一不小心剪到它趾甲下的肉根。

1

先把狗用趾甲刀放在柜子里。依次抬起狗狗的脚爪，然后给它一个零食。一天重复几次，至少持续3-4天。

2

再依次抬起狗狗的脚爪，这一次抬起后抓稳，伸展它的脚趾观察5秒。每只脚爪都这样观察。如果它比较配合就奖励它一个零食。一天重复几次，持续3-4天。

3

现在拿出趾甲刀，但不要开始剪。给狗狗看看趾甲刀然后给它一个零食。这样重复几次直到它开始期待看到趾甲刀。

4

依次抬起狗狗的每只脚爪并伸展每根脚趾，先不要剪，只用趾甲刀依次轻叩住每根趾甲，然后给它一个零食。在狗狗的每只脚爪上重复这个动作，直到狗狗对这个进程能够泰然处之。

5

现在可以剪了——但不要剪得太靠近趾甲根部，否则就会剪到离趾甲根部只有1毫米左右的血线。若被不小心剪到血线的话，狗狗会很痛而且会流血。整个过程中，如果狗狗配合得好，就要给它一个特别的奖励，并陪它好好玩个游戏。

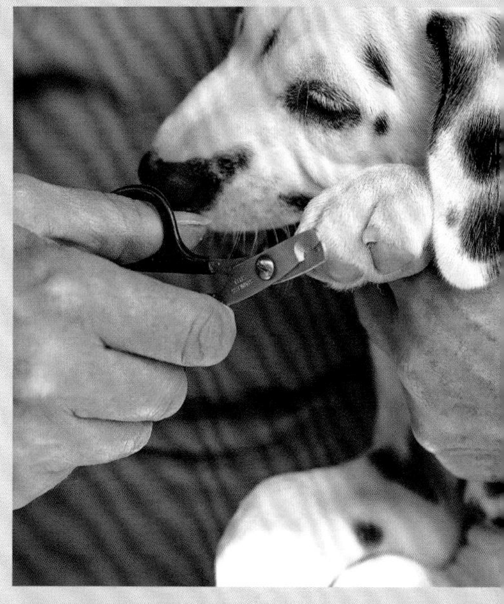

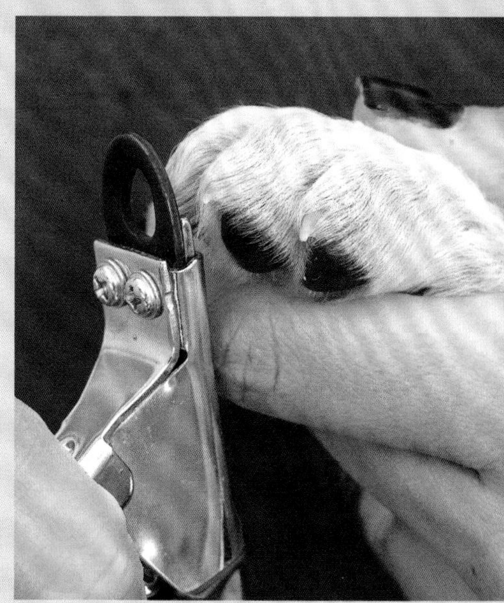

快速成长中的狗宝宝

（身体发育与灵活性）

随着狗宝宝的不断成长，它身体协调性的进步已经相当明显了。曾经跌跌撞撞的小家伙现在已经可以娴熟地攀爬、跳跃、奔跑以及猛扑自己的玩具和小伙伴。这可能会引发繁育员或者主人的焦虑，因为他们要在给予狗宝宝探索的自由、让它增长支撑关节和骨骼的肌肉与可能由于运动过度而受伤的风险之间掌握一个恰到好处的平衡。

不幸的是，将近有一半的狗狗体重超标——幼犬肥胖极易引发成犬阶段一系列的问题。不过，正如所有的健身锻炼规则一样，我们需要确保以循序渐进的科学方式进行锻炼，以免伤害狗宝宝的关节和骨骼。

总而言之，在考虑狗宝宝应该有多少运动量才算合理时，“少量多次”是一条可以遵循的有用准则。狗宝宝需要交替进行冲刺运动与温和运动，以此增强体质与力量。同时，在运动期间要穿插安排适当的休息与睡眠，因为狗宝宝的智力能够在休息和睡眠期间通过神经元网络的增加而得以提升。

清除跳蚤

重要提示

狗狗的药不能用在猫身上，反之亦然，否则后果可能是致命的。

这是每位狗主人的梦魇——你的狗狗不停地挠、啃那些凭肉眼无法看到的跳蚤叮咬的伤口。这对狗狗来说既痛苦又危险。如果狗狗对跳蚤的唾液过敏，结痂的和被感染的病灶可以扩散至狗狗全身，特别是它的后背以及大腿后侧。对一只幼犬来说，由于跳蚤以血液为食，严重的感染会引发贫血症和相关器官的衰竭。

如果你的狗狗身染了跳蚤的话，是不难被发现的，以下是几个可供辨识的迹象：

你的狗狗抓挠自己吗？

在它的皮毛上能发现很小的黑斑点或者褐黑色的虫卵吗？

你自己有被不明来源的虫子叮咬吗？

如果答案是肯定的，那你就必须尽快处理这些感染源；在干燥温暖的环境中，成年跳蚤会迅速产卵，这些卵不到12天就又能长成可以产卵的成年跳蚤。请咨询兽医寻求稳妥的治疗方案。

除了对狗狗进行治疗，你还需要用长效灭跳蚤喷雾在你的屋子里进行消杀。每周清洗狗狗的垫子。2-3 次 / 周用吸尘器清扫家具、地板和踢脚板——有助于杀灭跳蚤。同时要记得每次吸尘工作完毕之后扔掉里面的集尘袋。

你知道吗？

你的狗狗可能因食入染疫蚤而感染绦虫，这又是你需要排除狗狗身上没有跳蚤的另一个考虑因素。

有关跳蚤的常识

有些类型的跳蚤可以弹跳至超过自己身高 100 倍的高度。

一只雌性跳蚤一次可以产卵 50 颗，其一生大概可以产 2000 颗卵。

跳蚤可以不吃不喝、不受干扰地在你的毯子或家具里休眠，一只跳蚤可以存活超过 100 天。

据推测，超过 95% 的跳蚤卵、幼虫和蛹不是寄生在狗狗身上，而是存在于周围的环境中。

一只雌性跳蚤一天的噬血量可达它体重的 15 倍。

雌性跳蚤在噬血之后的 36-48 小时内即可产卵。

认识

鲁比，一只玩具贵宾犬

鲁比像一个能量球。它喜欢在花园里跳来跳去，它那极大的好奇心总能让它对任何新奇特的气味和声音保持警觉。它对遇到的每一个人和每一只动物都非常友好，但它也比较喜欢追赶花园里的鸽子。精疲力竭地奔跑过后，它喜欢在它最爱的洒满阳光的玻璃暖房的窗台上小憩。在第一次给它修理毛发的时候它有些胆怯，但很快它就适应了，甚至开始期待下一次了。

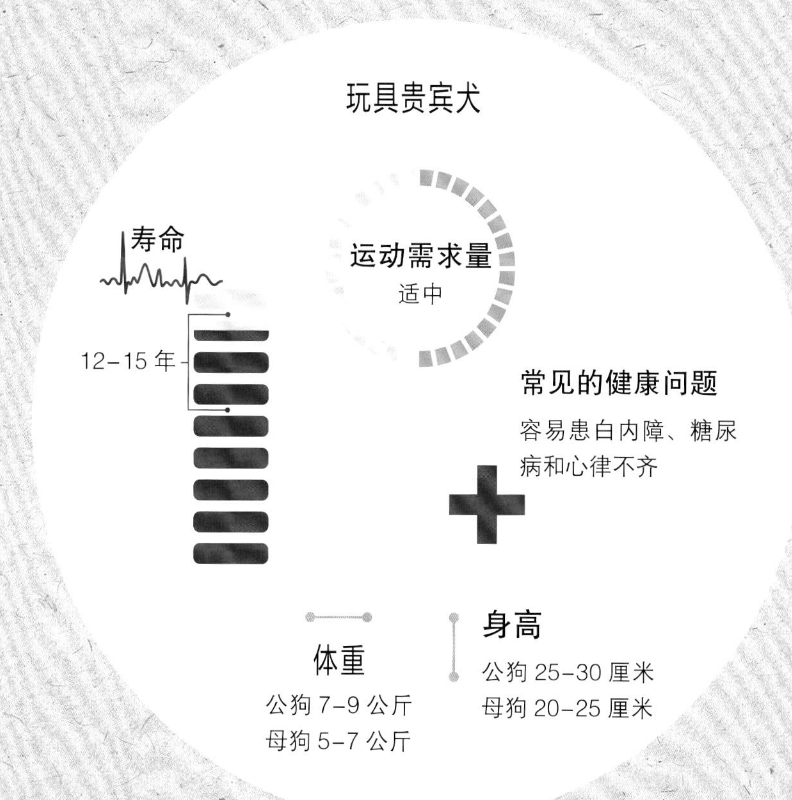

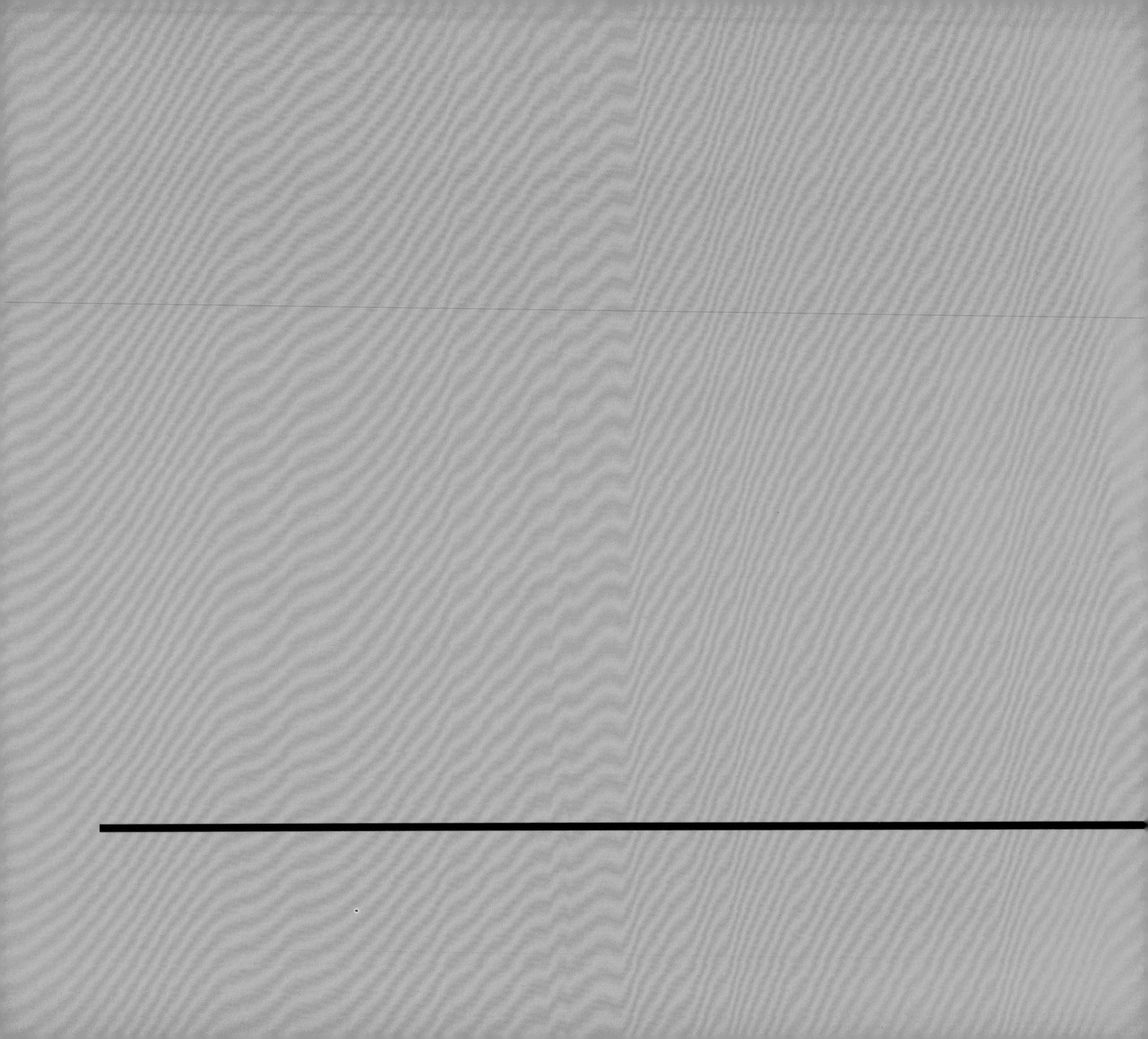

第六章 青年阶段

6–12 个月

青春期

6–12个月通常被认为是狗狗发育的“青春期”。6–9个月的幼犬外表上瘦长难看、行动上笨拙别扭。虽然它们试图表现得像成年狗一样，但行动和姿态上仍然还是个宝宝。狗狗在这个阶段不再需要那么频繁的进食，6个月的时候需要从12周的每天四到五顿饭减少到一天两顿。

很多正值“青春期”的狗狗可能令人相当恼火！特别是被睾丸酯酮激素驱动的公狗，行为上表现出过度兴奋、争强好斗，甚至攻击性，尤其当它们面对其他狗狗时。绝育（见第85页）对这样的狗狗来说是个不错的选择，但训练也是必不可少的。

牙齿现在已经完全长成，与颌骨完全咬合。几乎所有的狗狗，无论年龄大小，磨牙总是必需的，几乎所有的狗狗都喜欢啃咬骨头或玩具。

你知道吗？

许多青春期的狗都稍显笨拙，需要稍加训练它们才能理解自己的后脚在哪里！训练你的狗跨过横在地面的杆子，或者做些低空跳跃的训练，能够帮助它们增进协调性。

狗狗通常会在7–8个月大的时候生长出“成年”毛发。这些成年的毛发取决于狗狗的品种和毛发类型，通常比狗宝宝毛茸茸的毛发更粗硬也更长，像是在狗狗后背的“马鞍”。全部长成“成年”毛发通常需要一年左右的时间，这时期长出的毛发还将最终决定狗狗的毛色。

你知道吗？

在狗宝宝 7 个月大的时候，其体重根据不同的品种就已经比它出生时的增重了 15–40 倍。

公狗在这个时期大概已经开始抬腿撒尿了，母狗也会迎来它的初潮。有一些母狗大概早在 7 个月大的时候就会有初潮，还有一些可能会晚至 14 个月左右才会有。家养的狗狗一般一年来两次例假。有些狗狗的第一次例假可能会让它不知所措。荷尔蒙的变化可能会影响它的情绪，一些公狗也会因为它开始散发极具吸引力的气味而对它纠缠不休。有几个迹象可以表明你的狗狗也许快要来例假了：它会比以往更频繁地舔舐自己，它的外阴也开始微微变得肿大。很多母狗在例假之前还会更频繁地撒尿，一般每次就一点点尿，但尿的范围更广了。

1 岁的时候，狗狗的体重可以增重到出生时的 60 倍。到这个时候，它们大多已经完全成熟了，大多数狗狗将会达到它们的极限高度，尽管它们还要做很多“补充”的工作。尤其是公狗，1 岁之后它们的胸部通常会变得更厚重，头也会更宽一点，当然这取决于不同的品种。狗狗在这个阶段毫不费力地达到了与成犬相当的力量水平，并且能够完全控制自己的身体了。

让狗狗不要扑人

狗狗跳起来是为了表达友好！当它们还是个宝宝的时候，它们吸引妈妈注意力的方式是用嘴舔舐、用鼻子嗅蹭妈妈的嘴。后来这就变成了狗狗之间表达问候的方式。为了够得到我们的脸，狗狗们当然只得跳起来了！

庆幸的是，教它们“坐着打招呼”相对简单。首先，你要确保它在家里不管以什么方式跳跃都会被忽视。如果狗狗跳起来，你就背过身去抱紧手臂；如果它坐着或保持安静的姿势，就称赞、抚摸它。

然后，请一个朋友帮忙。先给狗狗套上牵引绳。等你的朋友到了，让他先试着完全忽视狗狗。当狗狗厌倦了蹦蹦跳跳开始坐下来或者躺下来的时候，你就点头、夸奖它，并奖励它一个零食。然后，你的朋友可以开始称赞和抚摸狗狗，但这时候它如果又跳起来的话，朋友就要立马站起来，并且转身离开。

植入微型芯片

在英国，所有8周以上的狗狗都需要植入微型芯片，现在这已经是法律的强制规定。微型芯片的大小和一粒米差不多。它以一组独特的序列号的形式载有狗狗的相关信息，将序列号输入电脑就可以追踪主人的详细信息。这样，即使你的狗狗走失了，你们也可以很快地重新团聚。

存储在芯片上的信息保存在有资质的机构数据库中。保存在哪个数据库，由提供芯片的兽医诊所或者福利中心决定。重要的是，作为一个新主人，你需要知道你的狗狗是在哪里注册的，因为你需要确保数据库已经更新了“监护人”的详细信息。

你知道吗?

英国法律规定你的狗狗在公共场合必须佩戴有可辨识ID标签的项圈或挽具。这种方式虽没有什么科技含量，但却有效地保障了狗狗的安全。

训练一只青春期的狗狗

遗憾的是，在这个时期，狗狗的训练似乎被忽视了。想要在停车场或者花园把你精力旺盛、正值青春期的狗狗喊回来，简直是一个漫长而又艰难的过程！训练一只青春期的狗狗要比训练一只狗宝宝花费更多的时间和精力。

到了 18 个月左右，狗狗就会变得比以往更沉稳了，特别是它们与家庭内部成员建立起信任关系并且非常熟悉日常的生活规律之后。但还是有很多 7-18 个月大的狗狗最终流落到了街头或进了动物收容所，这或许也没什么可惊讶的。狗宝宝在出生的最初几周和数月，如果没有得到足够多的社会化训练，它们就不知道如何镇定、理智地面对身边的人类和同胞。

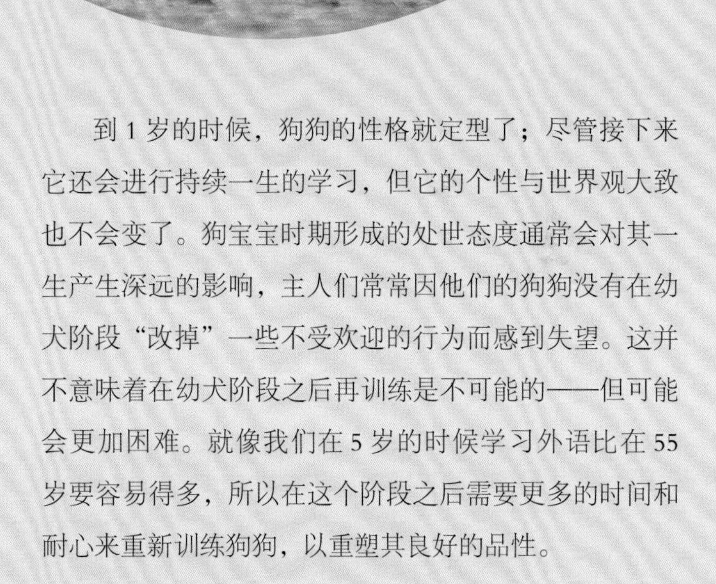

到 1 岁的时候，狗狗的性格就定型了；尽管接下来它还会进行持续一生的学习，但它的个性与世界观大致也不会变了。狗宝宝时期形成的处世态度通常会对其一生产生深远的影响，主人们常常因他们的狗狗没有在幼犬阶段“改掉”一些不受欢迎的行为而感到失望。这并不意味着在幼犬阶段之后再训练是不可能的——但可能会更加困难。就像我们在 5 岁的时候学习外语比在 55 岁要容易得多，所以在这个阶段之后需要更多的时间和耐心来重新训练狗狗，以重塑其良好的品性。

狗狗 vs. 世界

（独立性）

狗狗在社交自信方面的差异很大。即使是同一胎，有些狗狗活泼开朗、无所顾忌，有些则害羞怕生、顾虑重重。毫无疑问，这是受到遗传基因、它们母亲的举止以及养育方式共同影响的结果。

随着时间的推移，绝大多数的狗宝宝在社交方面都会越来越应对自如，它们在进入少年阶段便逐渐开始展现出独立性。

狗狗醒着的时候，每分钟都在接收和消化信息，大部分时候是在体悟哪些是感觉不错的，哪些是感觉糟糕的。就像人类一样，它们也需要发现这个世界潜在的新体验和际遇——这些可能是好的、坏的或者是无关痛痒的——当然，知道要如何应对才是关键。

狗狗在社会化训练的过程中应被给予鼓励、指导和充足的社交机会，这样它们便能很快克服对陌生的狗狗、广阔世界中的噪声和景象的恐惧，并开始展现真正的独立性。这能表现在它们自己爬上楼梯、在海边把爪子伸进海水里、在公园里叼着另一只狗狗的球奔跑，甚至会对着隔壁的猫汪汪大叫上。

训练 8

站立！

教狗狗学会站立是非常有用的，特别是当你带它去看兽医或者帮它梳洗清洁的时候。这也意味着，你不用大动干戈就可以轻轻松松地用毛巾把它的脚擦干。

1

当你的狗狗坐直时，把一个零食举到它的鼻子前面。现在，慢慢抬起你的手，保持与地面平行，抬至狗狗的头顶。

2

一旦狗狗前移进入站立的姿势，就点头或者说“很棒”，然后奖励它零食。

3

重复这个练习，直到你不用拿食物奖励，你的狗狗也能跟随你的手站立为止。

4

现在你可以加上口令，在它站立之前对它说“站”。

重要提示

如果你的狗狗躺下，说明你的手举得太低了。如果它跳起来，可能是你的手举得太高了。如果它前进了不止一步，那说明你把零食移得太远太快了。

以人类的年龄换算狗狗的年龄

我们都听过这样的说法：狗狗的一年相当于人类的七年。但实际上并不能这样简单地进行计算——不同品种和不同体形的狗狗的成长速度是不同的。以狗狗的体重作为参照，能够比较准确地换算出狗狗的“人类年龄”。

狗狗的年龄	狗狗的体重				
	7-13 千克	14-22 千克	23-34 千克	35-45 千克	45 千克以上
1	12	13	15	17	20
2	19	19	21	23	26
3	25	25	27	29	32
4	30	31	32	34	37
5	35	36	37	39	42
6	40	40	42	44	47
7	44	45	46	49	52
8	48	49	51	53	57
9	52	53	55	57	62
10	55	56	59	62	67
11	59	60	63	66	72
12	62	64	67	71	77
13	66	67	71	76	83
14	69	71	76	81	90
15	73	75	80	86	96
16	77	80	85	92	104
17	82	84	91	99	112
18	86	89	97	106	121
19	91	95	103	114	131
20	97	101	111	122	142

吠叫

狗狗吠叫的原因有很多：提醒主人有入侵者，表达痛苦或者恐惧，阻止使它们感到威胁的动物或人靠近，寻求关注，或当它们感到被冷落的时候呼唤主人。但如果你的狗狗经常吠叫，你该做什么呢？

首先问问自己，你的狗狗为什么要这样做。如果它对其他狗吠叫，是不是它感到了恐惧，或者纯粹只是出于兴奋？可以通过更多的社交活动来帮助它适应其他的狗狗，或者你需要训练它服从“嘘”的指令。

如果你的狗狗吠叫是为了引起你的注意，那么你就起身离开房间、转身背对着它，或者把它留在另一个房间几分钟，以此让它知道它这样的行为是不被接受的。与它对视、吼它，或者责骂它，只会让事情变得更糟——你这是在给予你的关注作为对它的奖励，它甚至可能认为你这是在与它互动！

你知道吗？

一只成犬的吠叫声是类似于警告声和小狗沮丧哭泣声的混合体。

训练 9
不许碰！

狗狗通过叼起东西啃咬来尝其味、触其质的方式来探索世界。它们还会为了引起注意而偷东西。教会你的狗狗不要乱碰东西，这样既能让它远离危险，又能避免让你陷入抓狂的境地。

你知道吗？

狗狗在进化过程中成了食腐动物而不是完全合格的猎手，这要归咎于它们的祖先习惯于捡食残剩的腐食。

1

手里拿一个美味的零食，紧紧合上你的手指，凑向你的狗狗，请你在它嗅、舔、咬以试图得到食物的过程中保持耐心。

2

保持不动——不要忍不住把手从狗狗面前移开。保持安静——你什么都不说很重要。

3

仔细观察，一旦狗狗把鼻子从你手边移开，哪怕只是一瞬，即刻点头，或者说“很棒”，然后给它奖励。

4

重复多次，每次当狗狗鼻子移开的瞬间就点头并给它奖励。大部分狗狗都会学得非常快——通常重复训练4–6次就可以。

5

现在，在狗狗把鼻子移开后数三下再点头并给予奖励。在这个阶段，许多狗狗都会把脸移开，仿佛是在抵抗诱惑。如果它这样做了，就立马点头并给予奖励。

用打开的手继续这个训练

下一个阶段是更深入的训练，用打开的手加上提示来完成。以下是做法：

1

仍然把零食紧握在手里，将狗狗移开鼻子后等待的时间延长至 10 秒。反复训练至少 4 次，直至它表现完美。

2

现在你可以加上“不许碰”的指令，用平静、轻柔而不是威胁的语气。你需要在把手移到狗狗眼睛高度之前说出这个指令。

3

一旦狗狗理解了，继续重复这个训练。但这次说“不许碰”后，将手张开，将零食呈现在狗狗面前。

4

如果你的狗狗试图从你手上拿走零食，只要合上手即可，不要猛地移开手——这很重要，因为这可能会鼓励你的狗狗上前抢夺。

5

当狗狗即使在看到零食也能保持距离时，像之前那样点头并奖励它。

6

逐渐延长在说出“不许碰”的指令后狗狗把鼻子移开的时间。看能不能延长到10秒后再点头并给予奖励。

认识

戴金，一只金毛寻回犬

戴金富有冒险精神、非常活泼、自信，充满了活力，它也可以是只小无赖——只要它想。常能看到它叼着它最爱的麋鹿玩具，在花园里到处嗅来嗅去。戴金很喜欢啃咬塑料盒、吃切达干酪小点心。它对摩托车既好奇又困惑，当它看到自己在车窗上的投影时也会吓一跳。

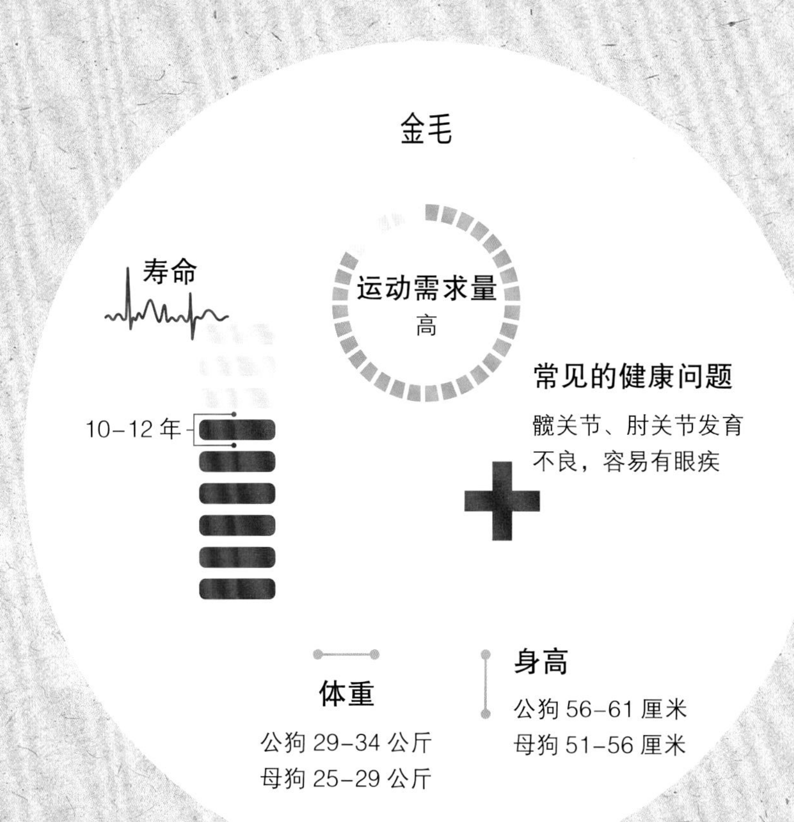

狗宝宝的一天

在散步的时候，狗宝宝们喜欢……

早晨

大小便

早餐

最好用繁育员使用的狗粮给狗狗喂食。狗宝宝需要少食多餐。

散步

狗宝宝需要锻炼，但不要过度，因为它们的骨骼还在发育。最好抱着带它们出去，再和它们一起散一小会儿步。

训练

从让你的狗宝宝熟悉它的名字，或者让它熟悉“坐”的指令开始训练。

小睡

午餐

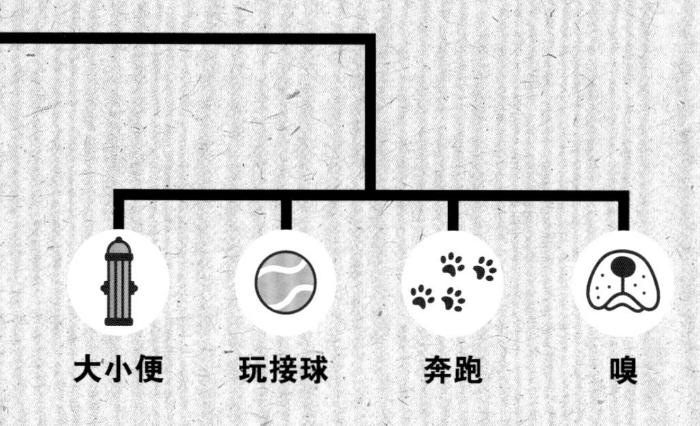

开始与其他狗狗进行社交活动，但前提是确保那些狗狗已经接种完了疫苗。

如果你从公司或学校回家，尽量让它保持冷静并给它做一些训练。

可用资源

有用的网站

Association of Pet Dog Trainers (UK)
www.apdt.co.uk

All About Dog Food
www.allaboutdogfood.co.uk

Clever Dog Company
www.cleverdogcompany.com

Clickertraining.com
www.clickertraining.com

Dogmantics
www.dogmantics.com

Dog Star Daily
www.dogstardaily.com

Fast Results Dog Training
www.21daystoacleverdog.com

Help with Behaviour Problems
www.apbc.org.uk

Learn to Talk Dog
www.learntotalkdog.com

The Bark
http://thebark.com/content/breeds-and-behavior

The Kennel Club
www.thekennelclub.org.uk

Train your dog online
www.trainyourdogonline.com

Welfare in Dog Training
http://www.dogwelfarecampaign.org/why-not-dominance.php

延伸阅读

Brain Games for Dogs, Claire Arrowsmith

Clever Dog, Sarah Whitehead

Complete Puppy and Dog Care, Bruce Fogle

In Defence of the Dog, John Bradshaw

Perfect Puppy, Gwen Bailey

Puppy Training for Children, Sarah Whitehead

Reaching the Animal Mind, Karen Pryor

The Complete Dog Breed Guide, DK

The Dog Encyclopedia, DK

The Puppy Survival Guide, Sarah Whitehead

Think Dog: An Owner's Guide to Canine Psychology, John Fisher

图片出处说明

The publisher and production company would like to thank the following photographers;

Amabel Adcock – page 7 (left), 16, 23, 38, 50 (right), 139 (bottom left).

Adrian Baughan – page 8, (bottom middle, bottom right), 9 (bottom middle), 12, 13, 19, 27, 33, 34, 39, 41, 42, 47, 49 (right), 50 (bottom left), 59, 62, 72, 74, 82 (top left), 90, 91, 100, 106, 109, 111, 130, 132, 133.

Ralph Bower – page 7 (bottom right), 54, 69, 139 (bottom right).

Pete Chinn – page 12, 84, 138 (middle).

Adam Heritage – page 2, 7 (top right), 8 (bottom left and top right), 9 (middle top and right), 25, 28, 31, 45, 49 (left), 61, 66, 71, 79, 83, 95 (bottom), 96, 103, 105, 120, 123, 127, 138 (left, top right and bottom right).

Dan Miller – cover and backcover. Page 8 (top left), 14, 32, 58, 64, 73, 80 (right), 82 (right), 92, 95 (top right), 110, 114, 119, 134, 139 (top left and top right).

Yellow Dog Photography – page 9 (top left), 80 (left), 88, 118, 121.

Ben Tutton – page 30, 139 (top middle).

Chris Vile – page 24.

索引

First published in the United Kingdom in 2016 by Pavilion
An imprint of Pavilion Books Company Limited, 43 Great Ormond Street, London
WC1N 3HZ

图书在版编目(CIP)数据

狗狗的第一年：从出生到1岁的教养指南 / 莎拉・怀特海著；杨建译. -- 桂林：漓江出版社，
2019.1
书名原文: The Secret Life of Puppies
ISBN 978-7-5407-8585-7
Ⅰ.①狗… Ⅱ.①莎… ②杨… Ⅲ.①犬－驯养 Ⅳ.①S829.2
中国版本图书馆CIP数据核字(2018)第289626号

狗狗的第一年

作　　者：[英] 莎拉・怀特海
译　　者：杨建

出 版 人：刘迪才
出 品 人：符红霞
策划编辑：杨　静
责任编辑：杨　静
装帧设计：宗　沅
责任印制：周　萍

出版发行：漓江出版社有限公司
社　　址：广西桂林市南环路22号　邮　　编：541002
发行电话：010-85893190　0773-2583322
传　　真：010-85890870-814　0773-2582200
邮购热线：0773-2583322　电子邮箱：ljcbs@163.com
网　　址：http://www.lijiangbook.com
印　　制：北京尚唐印刷包装有限公司
开　　本：787×1092　1/12　印　　张：12　字　　数：26千字
版　　次：2019年2月第1版　印　　次：2019年2月第1次印刷
书　　号：ISBN 978-7-5407-8585-7
定　　价：65.00元

作者简介

[英]莎拉・怀特海　阿尔法教育（提供官方认可的行为教育与训练的组织）的医学博士，宠物行为协会的顾问，诸多狗狗畅销书的作者。同时她还经营着一家宠物公司，以现代化的方法专门训练小狗。

译者简介

杨建　法学博士，南京师范大学法学讲师。

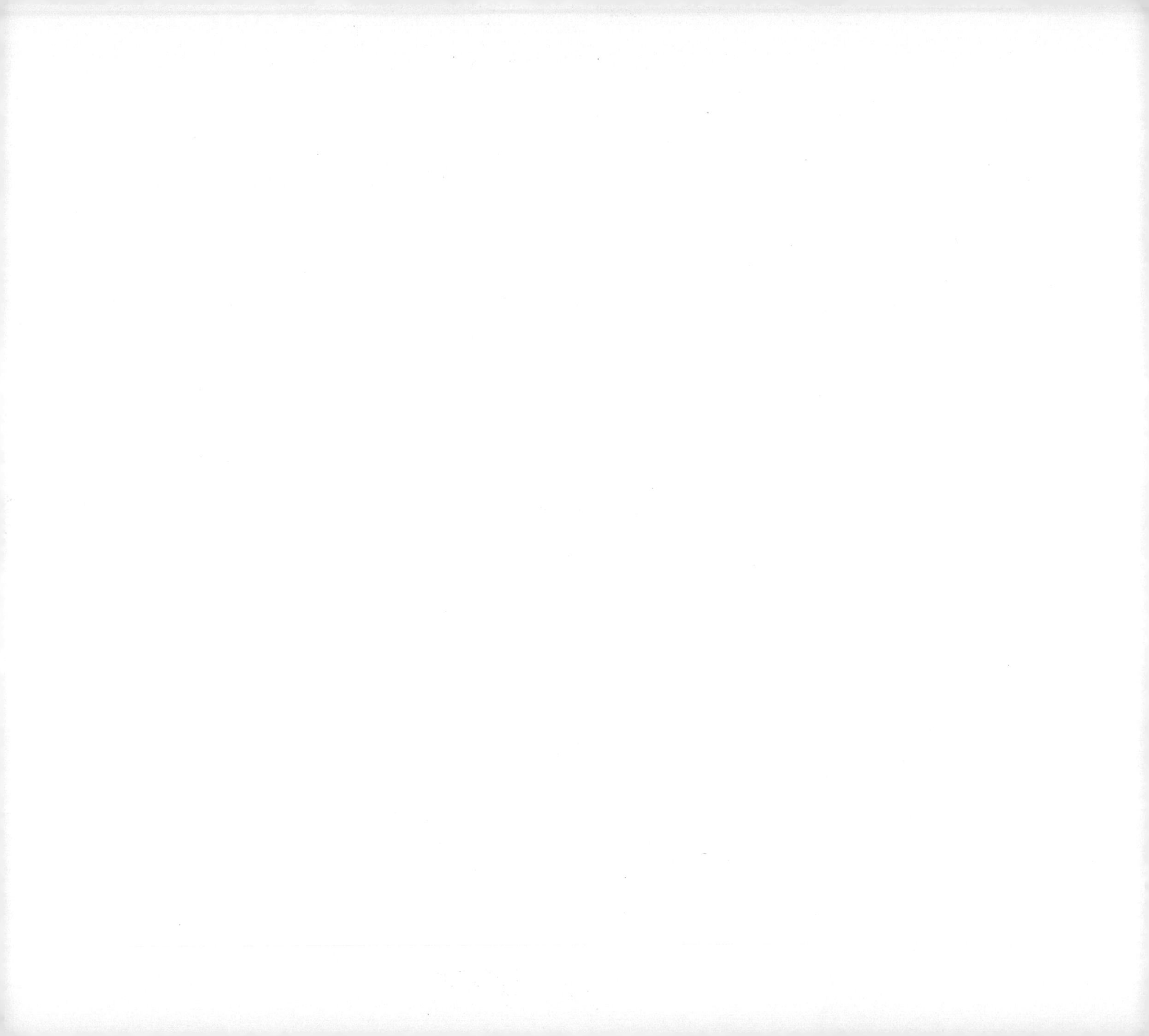